职业安全健康培训教材

武洪才　刘健　王毅　主编

中国石化出版社

内 容 提 要

本书内容包括职业安全健康概述、职业危害因素的辨识、职业危害监测与评价、职业危害申报、职业安全健康主体责任、职业安全健康管理制度、职业安全健康操作规程、职业安全健康培训、职业安全健康应急救援、职业安全卫生许可以及职业病的诊断与保障等。

本书深入浅出地阐述了职业安全健康管理的各项基本内容、技术要求、规范做法以及权利义务，可以作为安全监管局长专题培训以及监管监察人员执法资格培训的专业教材，也可供高危行业企业主要负责人、安全管理人员、从业人员培训时学习和参考。

图书在版编目（CIP）数据

职业安全健康培训教材 / 武洪才，刘健，王毅主编．
—北京：中国石化出版社，2011.1（2021.6 重印）
ISBN 978-7-5114-0689-7

Ⅰ.①职… Ⅱ.①武…②刘…③王… Ⅲ.①劳动保护-劳动管理-技术培训-教材②劳动卫生-卫生管理-技术培训-教材 Ⅳ.①X9②R13

中国版本图书馆 CIP 数据核字（2010）第 259281 号

中国石化出版社出版发行
地址：北京市东城区安定门外大街 58 号
邮编：100011 电话：(010)57512500
发行部电话：(010)57512575
http://www.sinopec-press.com
E-mail:press@sinopec.com
北京富泰印刷有限责任公司印刷
全国各地新华书店经销
*
787×1092 毫米 16 开本 8 印张 193 千字
2011 年 1 月第 1 版 2021 年 6 月第 8 次印刷
定价：35.00 元

前　　言

职业安全健康工作一直受到国际社会的广泛关注，早在1996年第49届世界卫生大会上就通过了“人人享有职业卫生”这一目标，WHO组织确定的职业卫生的目标为：促进和保持从事所有职业活动的工人在身体上、精神上以及社会活动中最高度的幸福；预防由于工作条件而使工人失去健康；在工作中保护工人免受对健康有害因素的伤害；安排并维护工人在其生理和精神心理上都能够适应的环境中工作；总而言之，就是工作适应工人，工人适应他们从事的工作。ILO保护劳动者健康的宗旨是为劳动者提供“有尊严(体面)的工作”，但是，我国的职业安全健康形势还非常严峻，据不完全统计，至2008年底，我国职业病总人数累计达73万，其中累计尘肺64万，占总数的87.67%。其中，2008年新发病例13744例，其中尘肺10828例，占78.8%。究其原因，企业职业安全健康投入不够，管理不到位，对员工健康教育、职业危害告知不重视，尤其是缺乏职业卫生知识教育和培训是造成这一现状的根本原因。

为进一步强化职业安全健康工作，《国家职业病防治规划(2009—2015年)》提出了职业健康的培训目标：到2015年，存在职业病危害的用人单位负责人、劳动者职业卫生培训率达到90%以上。国家安全生产监督管理总局《作业场所职业健康监督管理暂行规定》要求：对主要负责人和职业健康管理人员以及从业人员进行培训，生产经营单位未按照规定进行职业健康培训的给予警告，责令限期改正；逾期未改正的，处2万元以下的罚款；国家安全生产监督管理总局在2010年的安全生产培训工作会议中提出了“培训内容规范化、培训方式多样化、培训手段现代化、培训管理信息化”的原则，实现4个100%的培训目标，即：地市级政府分管安全生产领导干部专题培训100%，地市、区县安全监管局长专题培训100%，监管监察人员执法资格培训100%，高危行业企业主要负责人、安全管理人员、特种作业人员等“三项岗位人员”持证上岗率100%。为加强和完善职业安全健康的培训工作，积极落实国家的培训目标，我们组织有关专业技术人员编写了本书。为达到培训的效果，我们在每个章节都编写了教学大纲、复习与思考题等，便于教师采用多种方式进行授课，从而达到提高职业安全健康管理水平，增强相关人员专业技能的要求。

本书第一章、第二章由王毅编写，第三章、第八章、第九章由刘健编写，第四章由赵伟编写，第五章由许石玉编写，第六章由马金铎编写，第七章由王强编写，第十章、第十一章由秦岭编写，全书由武洪才统稿。

本书在编写审定过程中得到了河北省石油化工职防所、石化技术市场、九三英才学校的大力支持和帮助，也参考了大量的国内外文献资料，在此向文献资料的原著者和给予帮助的专家表示衷心地感谢。

由于受编者自身水平、编写时间等因素限制，书中错误和欠妥之处在所难免，恳请广大读者批评指正。

目　　录

第一章 职业安全健康概述

教学大纲：

1. 了解我国职业病发病情况和发病特点，掌握世界卫生组织职业卫生保健战略。
2. 熟悉我国职业健康规划。
3. 了解我国职业安全健康监督管理机制。
4. 理解并掌握我国职业健康工作方针。
5. 了解我国职业健康法律法规体系，熟悉企业常用职业卫生标准的要求。

第一节 我国职业安全健康现状

一、国际社会职业健康策略

职业安全健康工作一直受到国际社会的广泛关注，早在 1996 年第 49 届世界卫生大会上就通过了“人人享有职业卫生保健”的这一全球战略建议书，建议书指出“生理、化学、生物学和社会心理学上恶劣条件构成的一些有害因素及职业健康事故仍威胁着各国工人的健康，在世界各地引起职业和劳动相关性疾病和损伤”。鉴于职业健康是社会经济持续发展的重要因素，搞好职业健康工作“能使工人在有效工作年龄及其后都能享受到健康和有效的生活”，所以“职业卫生和安全水平、国家的社会经济发展及劳动人民的生活质量和福利是相互紧密联系的”，“必须在公司、国家和国际各级政策中给予应有的考虑”，使工人能够人人享受职业卫生保健。

世界卫生组织（WHO）1995 年在《工人健康宣言》提出，WHO 职业卫生的目标应为：促进和保持从事所有职业活动的工人在身体上、精神上以及社会活动中最高度的幸福；预防由于工作条件而使工人失去健康；在工作中保护工人免受对健康有害因素的伤害；安排并维护工人在其生理和精神心理上都能够适应的环境中工作；总而言之，就是工作适应工人，工人适应他们或她们从事的工作。

国际劳工组织（ILO）保护劳动者健康的宗旨是：为劳动者提供“有尊严（体面）的工作”。

二、我国职业病发病情况

近年来，我国国民经济一直保持着令世人瞩目的高速增长，但作为社会进步重要内容之一的职业安全健康工作却远滞后于经济建设的步伐，在市场经济大潮中受到巨大冲击，重大恶性工伤事故频频发生，职业病人数居高不下。据不完全统计，至 2008 年底，我国职业病总人数累计达 73 万，其中累计尘肺 64 万，占总数的 87.67%。2008 年新发病例 13744 例，其中尘肺 10828 例，占 78.8%。下面以卫生部公布的 2007 年职业病报告情况为例，对目前我国职业病发病情况进行说明。

2007 年，根据我国 30 个省、自治区、直辖市和新疆生产建设兵团报告（不包括西藏、港、澳、台地区），共诊断各类职业病 14296 例。其中，尘肺病 10963 例，占新职业病病例总数的 76.69%，急、慢性职业中毒分别为 600 例和 1638 例，各占诊断职业病病例总数的

4.20%和11.46%。报告职业病病例数名列前三位的行业依次为煤炭、有色金属和建材行业，分别占总病例数的45.84%、10.12%和6.38%。

（一）尘肺病

2007年我国共报告尘肺病新病例10963例(比2006年增加2180例)，死亡病例875例，近期病例860例。截至2007年底，累积报告的尘肺病例627405例。在报告的10963例尘肺新病例中，89.37%的病例为煤工尘肺和矽肺，分别为5351例和4447例。

（二）职业中毒

1. 急性职业中毒

2007年，我国共报告各类急性职业中毒301起，涉及中毒600人(比2006年增加133人，增加比例为28.5%)，其中死亡76人，急性职业中毒病死率为12.67%。其中，重大职业中毒事故(同时中毒10人以上或死亡5人以下)39起，涉及188人中毒，死亡76人，重大急性职业中毒事故病死率高达40.43%。引起急性职业中毒的化学物质多达近60种，中毒例数排在前两位的化学物质依次为一氧化碳和硫化氢，分别为188例和68例。中毒致死例数居首位的化学物质为硫化氢，死亡27例，死亡率为39.71%。在301起职业中毒事故中，一半以上发生于非公有经济类型的企业，其中以私有经济类型企业居首，为135起，涉及307人中毒，占总中毒人数的51.17%，死亡45人，病死率为14.66%。

2. 慢性职业中毒

2007年，我国共报告慢性职业中毒1638例(比2006年增加555人，增加比例为51.2%)，导致慢性职业中毒人数排在前三位的化学物质分别是铅及其化合物、苯和三硝基甲苯，分别为849例、225例和181例，各占慢性职业中毒例数的51.83%、13.74%和11.05%。其中，1262例慢性职业中毒病例分布在中、小型企业，占82.97%。

（三）职业性肿瘤

2007年，我国各地共报告职业性肿瘤48例。其中，焦炉工人肺癌25例，苯所致白血病16例，石棉所致肺癌、间皮瘤4例，联苯胺所致膀胱癌2例，砷所致肺癌、皮肤癌1例。

（四）职业性耳鼻喉口腔疾病等6类职业病

2007年，我国共报告耳鼻喉口腔疾病等6类职业病1047例。其中，职业性耳鼻喉口腔疾病290例，以噪声聋为主，为269例；职业性眼病349例，以职业性白内障为主，为197例；职业性皮肤病280例，以化学性皮肤灼伤为主，为176例；物理因素所致职业病54例，以中暑为主，为27例；生物因素所致职业病48例，布氏杆菌病46例，森林脑炎2例；其他职业病26例，以职业性哮喘为主，为18例。

由于职业病具有迟发性和隐匿性的特点，专家估计我国每年实际发生的职业病要大于报告数量。尘肺病、职业中毒等职业病发病率居高不下。尘肺病是我国最主要的职业病，近年平均每年报告新发病例1万多例，群发性职业病事件时有发生。近几年发生的河北省高碑店市农民工苯中毒、福建省仙游县和安徽省凤阳县农民工矽肺病等事件，一次性造成几十人甚至上百人患病，已成为影响社会稳定的公共卫生和职业安全健康突出问题。

我国职业病统计要经过严格的诊断、鉴定等程序，未进入这一正规程序的职业病患者，特别是从事有毒有害作业的农民工对自己病情不了解，大量的“未报告”和“隐性”职业病例大量存在，与“报告病例”的统计数字相比只是“冰山一角”。可以说，无论从接触职业危害人数、职业病患者累积数量、死亡数量和新发现病人数量，我国都居世界首位。

工伤事故和职业危害不但威胁千百万劳动者的生命与健康，还给国民经济造成巨大损失，每年因工伤事故直接损失数十亿元人民币，职业病的损失近百亿。

我国职业安全健康现状已引起国际社会关注。在每年的国际劳工组织大会上常有批评中国职业安全健康状况的发言，工伤事故与职业病问题也是世界人权大会和其他一些国际组织攻击中国"忽视人权"的借口之一。几乎每次当中国发生特重大工伤事故时，美国之音、BBC 等国外媒体都大肆渲染事件的严重和影响。国外一些友好人士也对中国的职业安全健康状况表示关心与忧虑。一位劳工组织官员曾讲过："中国已成为政治、经济大国，但不应成为工业事故的大国。"美国《新闻周刊》1994 年 12 月 12 日曾刊登《亚洲的死亡工厂》一文，文中写到，"在亚洲，没有哪个地方比中国的工业安全措施更松弛的了……次数最多和最致命的火灾发生在中国南部特区的工厂中，大火吞噬了许多工厂。数百万工人每天涌入'三合一'的血汗工厂，之所以这么说，是因为这些工厂的车间、仓库和宿舍都在一起。工人们大部分是受过极少教育的女孩子，她们是被每天挣 1.5 美元(用乡村的标准来衡量，这是一笔钱财)的许诺从乡村吸引来大城市的"。

随着各种新材料、新工艺、新技术的引进和使用，我国出现了一些过去未曾见过或者很少发生的职业病例。在乡镇企业迅猛发展和外资企业大量涌入的同时，职业病危害从城市向农村转移，从经济发达地区向经济发展较慢的地区转移，从国外向国内转移；在农村经济飞速发展的同时，大批农村劳动力进入各类缺乏职业安全健康保障的企业，加上其流动性、不稳定性，所带来的各种职业病危害明显增加，对劳动人群健康所造成的损害日趋严重。在许多企业还存在着损害劳动者健康的情形，如不顾人体生理极限，强令劳动者从事超强度体力劳动；迫使劳动者在持续紧张或其他恶劣工作环境下劳动；以及严重违反人体生理规律的劳动组织安排，据有关卫生专家预测，如不采取有效防治措施，今后十年将有大批职业病病人出现，因职业病危害导致劳动者死亡、致残、部分丧失劳动能力的人数将不断增加，其危害程度远远高于生产安全事故和交通事故。许多职业病严重损害劳动者的健康及劳动能力，其治疗和康复费用昂贵，给用人单位、国家和劳动者造成巨大损失，严重影响社会经济的进步与发展。因此，必须强化预防、控制和消除职业病危害的法制建设和依法进行监督管理。

三、职业病发病特点

1. 尘肺病发病形势依然严峻

(1) 尘肺病例数占总报告例数的比例最大。尘肺病依然是我国最严重的职业病。2007 年报告尘肺新病例数占职业病报告总例数的比例较 2006 年提高了 0.44 个百分点，达 76.69%。

(2) 尘肺病发病工龄缩短。根据尘肺病报告，新病例实际接尘工龄不足 10 年的有 2331 例，占尘肺新病例数的 21.26%，其中实际接尘工龄不足 5 年的有 1017 例，占 9.28%，实际接尘工龄不足 2 年的有 125 例，占 1.14%。2000 年以后才开始接尘的新病例有 686 例，其中 70 例实际接尘工龄不足 2 年，占 2000 年以后开始接尘新病例的 10.20%。

(3) 速发型尘肺病例以煤矿开采和洗选业为主。以矽肺为主，其次为煤工尘肺。在 2000 年以后才开始接尘且工龄不足 2 年的 70 例尘肺病例中，矽肺和煤工尘肺各为 33 例；41 例发生于煤矿开采和洗选业；主要工种为凿岩工和采煤工。

2. 职业中毒呈现行业集中趋势

急性职业中毒仍以一氧化碳中毒最为严重，各季度报告中毒起数和人数均最多，其次为职业性硫化氢中毒。一氧化碳中毒主要分布在冶金、煤炭和有色金属行业，硫化氢中毒主要分布在化工、煤炭和机械行业；慢性职业中毒主要分布在有色金属、轻工、机械、化工和冶金行业，以铅及其化合物和苯中毒较为严重；生物因素所致职业病主要分布在农业和轻工业；化学性眼部灼伤和皮肤灼伤主要分布在轻工行业；职业性白内障主要分布在兵器和化工行业；噪声聋主要分布在机械行业。

四、我国职业健康工作规划

为贯彻落实党的十七大和《中共中央国务院关于深化医药卫生体制改革的意见》(中发[2009]6号)精神，进一步加强职业病防治工作，保护劳动者健康，根据《职业病防治法》，国务院制定了《国家职业病防治规划(2009—2015年)》，规划明确了职业健康工作的指导思想、基本原则、规划目标、主要任务和保障措施。

1. 指导思想

以邓小平理论和“三个代表”重要思想为指导，深入贯彻落实科学发展观，以保护劳动者健康为根本目的。落实用人单位责任，加强政府领导，强化行政监管，依靠科技进步，立足国情，突出重点，全面推进职业病防治工作，促进经济持续健康发展。

2. 基本原则

(1)预防为主，防治结合。坚持标本兼治、重在治本，控制职业病危害源头，采取工程技术、个体防护和健康管理等综合治理措施，预防控制职业病危害。

(2)统筹规划，分步实施。即着眼长远，不断完善制度和监管体系，又立足当前，着力解决目前防治工作中的突出问题。

(3)宣传动员，社会参与。广泛开展职业病防治宣传教育，增强用人单位的法律意识和社会责任感，提高劳动者的自我保护意识，充分发挥社会监督作用。

3. 规划目标

建立政府统一领导、部门协调配合、用人单位负责、行业规范管理、职工群众监督的职业病防治工作体制，显著提高综合防治能力，增强用人单位和劳动者防治意识，改善工作场所作业环境，基本遏制职业病高发势头，保障劳动者健康权益。到2015年，新发尘肺病病例年均增长率由现在的8.5%下降到5%以内，基本控制重大急性职业病危害事故的发生，硫化氢、一氧化碳、氯气等主要急性职业中毒事故较2008年下降20%，主要慢性职业中毒得到有效控制，基本消除急性职业性放射性疾病。

到2015年，存在职业病危害的用人单位负责人、劳动者职业卫生培训率达到90%以上，用人单位职业病危害项目申报率达到80%以上，工作场所职业病危害告知率和警示标识设置率达到90%以上，工作场所职业病危害因素监测率达到70%以上，粉尘、毒物、放射性物质等主要危害因素监测合格率达到80%以上。可能产生职业病危害的建设项目预评价率达到60%以上，控制效果评价率达到65%以上。从事接触职业病危害作业劳动者的职业健康体检率达到60%以上，接触放射线工作人员个人剂量监测率达到85%以上。

到2015年，职业病防治监督覆盖率比2008年提高20%以上，严重职业病危害案件查处率达到100%。监管网络不断健全，监管能力不断提高，对中小企业的监管得到加强。

依托现有资源，建立完善与职责任务相适应、规模适度的职业病防治网络，基本职业卫生服务逐步覆盖到社区、乡镇。化学中毒和核辐射医疗救治的能力建设和管理得到加强，职业病防治、应急救援能力不断提高。

到2015年，有劳动关系的劳动者工伤保险覆盖率达到90%以上；职业病患者得到及时救治，各项权益得到有效保障。

第二节　职业安全健康监督管理体制

职业病防治监督管理体制，是国家对职业病防治实施监督管理采取的组织形式和基本制度。它是国家职业病防治法律规范得以贯彻落实的组织保障和制度保障。

一、职业安全健康监督管理体制的变迁

由于历史的原因，我国职业病防治监督管理工作长期以来存在不同程度的体制障碍，职能重叠，影响了职业病防治监督管理工作的法制力度。

自新中国成立以来，我国职业卫生监管职能发生了三次重大变化。

1949 年至 1998 年：劳动部新中国成立前夕，1949 年 9 月，第一届中国人民政治协商会议通过的《共同纲领》明确规定：实行工矿检查制度，以改进工矿安全和卫生设备。由劳动部进行监督检查、综合管理。新中国成立，中央人民政府于 1949 年 11 月 2 日成立了中华人民共和国劳动部，在劳动部下设劳动保护司，负责全国的劳动保护工作。1970 年 6 月，劳动部与国家技委合并后，改为劳动保护组；1975 年 9 月国家劳动总局成立；1979 年 6 月，劳动保护组改为劳动保护司；1982 年 5 月至 1987 年，改为劳动人事部劳动保护局。1988 年，根据七届人大一次会议批准的国务院机构改革方案，撤销劳动人事部，组建劳动部。新组建的劳动部是国务院领导下的综合管理全国劳动工作的职能部门。根据劳动部的主要职责，劳动部成立了职业安全卫生监察局，是劳动部综合管理全国职业安全卫生工作的职能部门。该局下设职业卫生监察处，其主要职责是监督检查执行职业卫生法规情况，调查研究和掌握企业职业卫生状况，并提出对策；综合管理新建、改建、扩建企业和老企业改造中工程项目的职业安全卫生“三同时”的监察工作；管理职业安全卫生技术措施经费、行业试点和组织职业卫生技术措施综合评价；统计分析职业病的情况并提出对策；管理乡镇企业的职业卫生工作；处理女工、未成年工保护、工时休假、保健食品、提前退休和职业卫生的专业培训、考核发证等日常工作。

1998 年至 2003 年：卫生部为适应社会主义市场经济体制建设的需要，1998 年 6 月 17 日，政府机构按“政企分开”、“精简、统一、效率”的原则进行大幅度调整，职业卫生监管职能发生了重大变化，将劳动部承担的职业卫生监察(包括矿山卫生监察)职能交由卫生部承担。

2003 年至今：卫生部和国家安监总局为了更好地保护广大劳动者的人身健康安全，2001 年，国家安全生产监督管理局成立，负责全国的安全生产监管工作。2005 年，国家安全生产监督管理局升格为国家安全生产监督管理总局，为国务院直属机构。2003 年 10 月 23 日，中央机构编制委员会办公室下发了《关于国家安全生产监督管理局(国家煤矿安全监察局)主要职责内设机构和人员编制调整意见的通知》(中央编办发[2003]15 号)，《通知》对职业卫生监管的职责进行了调整。

为了做好这项工作，卫生部、国家安监总局经认真研究、协商，对两个部门职业卫生监管的职责分工达成共识，并于 2005 年 1 月联合下发了《关于职业卫生监督管理职责分工意见的通知》(卫监督发[2005]31 号)。主要分工内容如下：

1. 卫生部门职责

(1) 拟订职业卫生法律、法规和标准。

（2）负责对用人单位职业健康监护情况进行监督检查，规范职业病的预防、保健，并查处违法行为。

（3）负责职业卫生技术服务机构资质认定和监督管理；审批承担职业健康检查、职业病诊断的医疗卫生机构并进行监督管理，规范职业病的检查和救治；负责化学品毒性鉴定管理工作。

（4）负责对建设项目进行职业病危害预评价审核、职业病防护设施设计卫生审查和竣工验收。

2. 安全监管部门职责

（1）负责制定作业场所职业卫生监督检查、职业危害事故调查和有关违法、违规行为处罚的法规、标准，并监督实施。

（2）负责作业场所职业卫生的监督检查，依照《使用有毒物品作业场所劳动保护条例》发放职业卫生安全许可证；负责职业危害申报，依法监督生产经营单位贯彻执行国家有关职业卫生法律、法规、规定和标准情况。

（3）组织查处职业危害事故和有关违法、违规行为。

（4）组织指导、监督检查生产经营单位职业安全培训工作。

各级煤矿安全监察机构依据上述内容负责煤矿企业作业场所的职业卫生监督管理工作。

二、职业安全健康监督管理职责

根据国务院批准的国家安全生产监督管理总局职能、机构、编制的“三定”方案，国家安全生产监督管理总局设立职业安全健康监督管理司，负责作业场所的职业安全健康监督管理，其主要职责是：拟订作业场所职业卫生有关执法规章和标准；组织查处职业危害事故和违法违规行为；承担职业卫生安全许可证的颁发管理工作；组织指导并监督检查有关职业安全培训工作；组织指导职业危害申报工作；参与职业危害事故应急救援工作。

第三节　职业安全健康工作方针

我国职业病防治工作坚持“预防为主、防治结合”的方针，实行分类管理、综合治理。

一、如何落实“预防为主”

所谓预防为主，就是在整个职业病防治过程中，要把预防措施作为根本措施和首要环节放在先导地位，控制职业病危害源头，并在一切职业活动中尽可能控制和消除职业病危害因素的产生，使工作场所职业卫生防护符合国家职业卫生标准和卫生要求。

古今中外的实践证明，职业病危害是完全可以预防和控制的，职业病危害所造成的各种损害是可以通过实施预防措施予以避免和减少的；而且，预防可以做到投入少、产出多、效益高。我国作为世界上最大的发展中国家，在进一步改革开放的新形势下，坚持预防为主，防治结合的方针，对搞好职业病防治工作更具有重要的作用。因此，必须增强前瞻意识，树立长远观点，克服短期行为，坚持预防为主的方针，积极主动地做好职业卫生预防工作。

落实“预防为主”的主要措施有：

（1）职业病危害的源头控制。包括对可能产生职业病危害的建设项目论证阶段的职业病危害预评价报告及其审核的控制，和对职业病危害严重的建设项目职业卫生防护设施的设计审查和竣工验收前的职业病危害控制效果评价及竣工验收的控制。

(2) 职业病危害的特殊管理。对从事放射、高毒等作业实行特殊管理。

(3) 职业病危害项目申报制度。

(4) 依靠科技进步，研制、开发、推广、应用有利于职业病防治和保护劳动者健康的新技术、新工艺、新材料，提高职业病防治科学技术水平。

(5) 用人单位职业卫生管理。包括：制定职业病防治计划和实施方案；强化工作场所防护设施和个人防护用品的管理，完善职业卫生操作规范；严格遵守职业病危害因素检测及评价制度、职业卫生管理制度；建立健全职业病危害事故应急救援预案。

(6) 劳动者职业卫生权利保障。包括落实劳动者的知情权、职业健康检查、职业健康监护、职业健康教育、职业卫生培训、未成年人、孕妇、哺乳期的女职工和职业禁忌者的职业健康特殊保护等。

(7) 国家实行职业卫生监督制度。

(8) 社会监督与民主管理。

二、如何落实“防治结合”

职业病防治工作坚持“预防为主、防治结合”的方针，必须正确处理“防”与“治”的关系，既不能轻“防”重“治”，不“防”只“治”，更不允许采取临时工、轮换工、季节工等用工形式或者其他手段逃避不“防”不“治”的法律责任，也不能只防不治，或者轻视对职业病危害的治理和对劳动者职业病的检查诊断与治疗康复；不能把“防”与“治”对立起来或者相互分离。防治结合包括有三个方面的含义：

(1) 预防为主，控制职业病危害源头，最大限度地减少和避免“治”的负担与代价。

(2) 所谓“治”，不只是对职业病的诊断治疗，更重要的是对职业病危害的治理，这既是“防”，也是“治”；如发生或者可能发生急性职业病危害事故时，用人单位应当立即采取应急救援、控制措施和治理措施。

(3) 对已经造成或者可能造成职业病危害后果的工作场所，做到“防”中有“治”，“治”中有“防”，以“治”促“防”，通过“防”解决“治”的问题。所谓“防”中有“治”，就是按照国家职业卫生标准和要求，一边对造成职业病危害的工作场所进行治理，控制和消除职业病危害因素，一边及早地对接触职业病危害因素的劳动者组织职业健康检查，安排职业病人的诊断治疗。所谓“治”中有“防”，是通过职业健康检查和对职业病的病因学诊断分析，找到其致病原因，分析发病机制、发生规律、总结预防工作经验与教训，进而对作业场所的职业病危害因素的种类、性质、危害程度和用人单位职业安全健康管理上的问题作出分析诊断，并提出控制和消除职业病危害的治理对策和有效措施。

三、如何落实“综合治理”

综合治理，是指在职业病防治活动中采取一切有效的管理和技术措施，如立法、行政、经济、科技、民主管理和社会监督等，并将其纳入到法制化统一监督管理的轨道，对职业病危害所进行的治理。包括政府的规划管理与组织领导、行政部门的统一监督管理、有关部门在各自的职责范围内分工监督管理、用人单位自律管理、职业卫生技术服务、工会组织的督促与协助、劳动者的民主监督等。

四、职业安全健康工作任务

在“预防为主、防治结合，分类管理、综合治理”的方针指导下，企业职业安全健康工作任务可以概括为以下几点：

（1）保持并促进工人的健康和工作能力；

（2）改善工作环境和工作，使工作有益于安全和健康；

（3）提高工作的组织管理和工作的文化氛围，使之朝向有利于健康安全的方向发展，同时还可促进正面的社会气候、安全生产，并提高企业自身的生产效率。

第四节　职业安全健康法律法规体系

2001 年 10 月 27 日第九届全国人大常委会第二十一次会议审议通过了《中华人民共和国职业病防治法》。为了贯彻职业病防治法，加快我国职业安全健康法律体系的建设，在多年深入调查的基础上，陆续推出了具有中国特色并能够与世界接轨的，符合依法治国和社会主义市场经济建设要求的法律法规。例如，职业病防治法颁布后，国务院又发布了《使用有毒物品作业场所劳动保护条例》等一系列法规，并经过修订、整理，重新发布了国家职业卫生标准，国家安全生产监督管理总局设立职业安全健康监督管理司，负责拟订作业场所职业卫生有关执法规章和标准，从而初步建立了职业健康工作的法律、法规、标准体系框架。

我国现行的职业安全健康法律法规体系主要包括：

一、宪法

《中华人民共和国宪法》是我国的根本大法，在宪法第 42 条规定：“中华人民共和国公民有劳动的权利和义务。国家通过各种途径，创造劳动就业条件，加强劳动保护，改善劳动条件，并在发展生产的基础上，提高劳动报酬和福利待遇。国家对就业前的公民进行必要的劳动就业训练。”第 43 条规定：“中华人民共和国劳动者休息的权利。国家发展劳动者休息和休养的设施，规定职工的工作时间和休假制度。”第 48 条规定：“国家保护妇女的权利和利益……。”宪法中所有这些规定，是我国职业安全健康立法的法律依据和指导原则。

二、职业健康与职业病防治的基本法

2001 年 10 月 27 日第九届全国人大常委会第二十一次会议审议通过了《中华人民共和国职业病防治法》，于 2001 年 5 月 1 日正式实施。《职业病防治法》的出台，标志着我国职业安全健康基本法的确立。

《中华人民共和国职业病防治法》规定了我国职业安全健康法制的目的、适用范围、调整对象、工作方针与基本原则、各项职业病防治法律制度、有关当事人(用人单位、劳动者、职业卫生技术服务机构、各级政府)各方的权利与义务关系以及法律责任。

其他一些法律如《中华人民共和国妇女权益保障法》、《中华人民共和国环境保护法》《中华人民共和国安全生产法》、《中华人民共和国工会法》和《中华人民共和国卫生防疫法》中部分条款也与职业安全健康有关，因而也属于此类。

三、与职业健康和职业病防治相关的法规

职业卫生行政法规是由国务院组织制定并批准公布的，为实施职业健康法律或规范劳动保护管理制度及程序而颁布的“条例”等。目前，《使用有毒物品作业场所劳动保护条例》、《中华人民共和国尘肺病防治条例》、《放射性同位素与射线装置安全和防护条例》是职业健康与职业病防治基本法规的主体。

根据职业病防治法第十八条的授权，国务院制定发布了《使用有毒物品作业场所劳动保

护条例》(国务院令第352号)对劳动者从事有毒物品作业的职业安全健康保护和职业中毒防治做出了具体规定。

为保护职工健康，消除粉尘危害，防止发生尘肺病，促进生产发展，国务院制定发布了《中华人民共和国尘肺病防治条例》(1987年12月3日国务院发布)，对用人单位防尘、监督监测、健康管理等方面的责任、要求做出了规定。

为了加强对放射性同位素、射线装置安全和防护的监督管理，促进放射性同位素、射线装置的安全应用，保障人体健康，保护环境，制定了《放射性同位素与射线装置安全和防护条例》(中华人民共和国国务院令第449号)。

其他的有关职业健康法规还包括《工伤保险条例》、《劳动保护监察条例》等。

四、部门规章

是指由国务院有关部门为加强职业安全健康工作而颁布的规范性文件。国家安全生产监督管理总局为进一步强化职业健康监督管理工作，设立了职业安全健康监督管理司，其主要职责包括：拟订作业场所职业卫生有关执法规章和标准，依照职责的分工，国家安全生产监督管理总局于2009年相继颁布了《作业场所职业健康监督管理暂行规定》(国家安全生产监督管理总局令第23号)，《作业场所职业危害申报管理办法》(国家安全生产监督管理总局令第27号)以及"关于贯彻落实《作业场所职业危害申报管理办法》加强职业危害申报工作的通知"(安监总安健[2009]210号)，《关于加强职业安全健康监管工作的通知》(安监总安健[2009]29号)等规章，进一步规范了作业场所职业健康工作的管理。

卫生部从以下四个方面建立健全了职业病防治法配套规章，即：规范用人单位职业病防治活动；规范职业安全健康技术服务活动；规范卫生行政执法行为；职业病防治技术法规，包括职业安全健康标准、技术规范等。

卫生部发布的配套规章和规范性的文件有：《职业病目录》(会同劳动和社会保障部)、《职业病危害因素分类目录》、《建设项目职业病危害分类管理办法》(卫生部令第22号)、《职业健康监护管理办法》(卫生部令第23号)、《职业病诊断与鉴定管理办法》(卫生部令第24号)、《职业病危害事故调查处理办法》(卫生部令第25号)等。

2009年5月，国务院办公厅印发了《国家职业病防治规划(2009—2015年)》(国办发[2009]43号)。《规划》明确了国家职业病防治工作的指导思想、基本原则、规划目标、主要任务、保障措施，是今后一段时期职业病防治和职业健康监管工作的纲领性文件。

五、职业安全健康地方性法规和地方政府规章

是指有立法权的地方权力机关——人民代表大会及其常委会和地方政府制定的劳动保护规范性文件，是对国家劳动保护法律、法规的补充和改善，它以解决本地区某一特定的劳动安全卫生问题为目标，具有较强的针对性和可操作性。例如，河北省为加强作业场所职业卫生监督管理，于2009年2月1日发布了《河北省作业场所职业卫生监督管理办法》(河北省人民政府令(2008)第12号)，对作业场所的职业卫生工作及其相关的监督管理活动进行了规范。

六、职业安全健康技术规范与标准

技术规范与标准是我国职业安全健康法规体系中的一个重要组成部分，也是职业安全健康法制管理的基础和重要依据。职业安全健康标准包括职业安全健康专业基本标准、工作场所作业条件卫生标准、职业接触限值标准、职业照射放射防护标准、职业防护用品卫生标准、职业危害防护技术导则、职业病诊断标准等。其中，工作场所作业条件的卫生标准、工业毒物、生产性粉尘、物理因素职业接触限值、职业病诊断标准、职业照射放射防护标准、职业防护用品卫生标准都属于强制性标准，（代号 GBZ），其他标准为推荐性标准（代号 GBZ/T）。

根据《中华人民共和国职业病防治法》第十三条规定，重新修订了原《工业企业设计卫生标准》（TJ 36—79），发布了 GBZ 1—2010《工业企业设计卫生标准》和《工作场所有害因素职业接触限值第 1 部分：化学有害因素》（GBZ 2.1—2007）、《工作场所有害因素职业接触限值第 2 部分：物理因素》（GBZ 2.2—2007），进一步强化了工业企业基本卫生条件的设计要求。

在职业健康监督管理工作中，技术规范和标准是重要的工作依据，企业的职业健康工作常用的技术标准有：

（一）工业企业设计卫生标准 GBZ 1—2010

2010 版修订的《工业企业设计卫生标准》充分考虑了中国加入 WHO 的要求和现实国情，进一步强化了基本卫生条件方面的设计要求，详细规定了工业用人单位的选址与整体布局、防尘与防毒、防暑和防寒、防噪声与防振动、防非电离辐射及电离辐射、辅助用室等方面内容，以保证工业企业设计符合卫生标准、保护劳动者健康、预防职业病的要求。增加了对事业单位和其他经济组织建设项目的卫生设计及职业病危害评价、建设项目施工期持续数年或施工规模较大、因特殊原因需要的临时性工业企业设计，以及工业园区总体布局等的规定。

（二）工作场所有害因素职业接触限值标准 GBZ 2.1—2007，GBZ 2.2—2007

《工作场所有害因素职业接触限值》是根据职业病有害物质的理化特性、国内外毒理学及现场劳动卫生学或职业流行病学调查资料，并参考美国、德国、前苏联、日本等国家的职业接触限值及其制定依据制定的，是作为工业企业设计及预防性和经常性卫生监督、监测使用的卫生标准。该标准规定的职业接触限值，适用于生产、使用或产生有害因素的各类用人单位。

职业接触限值（Occupational Exposure Limits，OELs）指职业性有害因素对绝大多数劳动者在职业活动中不会引起急性或慢性健康损害的容许接触的限量值。

在已往制定的毒物和粉尘劳动卫生标准中，最早只制定了一种职业接触限值即最高容许浓度（*MAC*），如《工业企业设计卫生标准》（TJ 36—79）制订了 120 项毒物和粉尘标准。自 20 世纪 90 年代初开始，凡新研制的毒物和粉尘卫生标准，则要求同时制定最高容许浓度（*MAC*）和时间加权平均容许浓度（*PC-TWA*）。而在新标准中则采用三类职业接触限值，即最高容许浓度（*MAC*），时间加权平均容许浓度（*PC-TWA*）和短时间接触容许浓度（*PCSTEL*），其内涵如下：

1. 时间加权平均容许浓度（*PC-TWA*）

是指以时间为权数规定的 8h 工作日、40h 工作周的平均容许接触浓度。8h 时间加权平均容许浓度（*PC-TWA*）是评价工作场所环境卫生状况和劳动者接触水平的主要指标。职业病危害控制效果评价，如建设项目竣工验收、定期危害评价、系统接触评估、因生产工艺、原材料、设备等发生改变需要对工作环境影响重新进行评价时，尤应着重进行 *TWA* 的检测、评价。个体检测是测定 *TWA* 比较理想的方法，尤其适用于评价劳动者实际接触状况，是工作场所有害因素职业接触限值的主体性限值。定点检测也是测定 *TWA* 的一种方法，要求采集一个工作日内某一工作地点，各时段的样品，按各时段的持续接触时间与其相应浓度乘积之和除以 8，得出 8h 工作日的时间加权平均浓度（*TWA*）。定点检测除了反映个体接触水平，也适用评价工作场所环境的卫生状况。

定点检测可按下式计算出时间加权平均浓度：

$$CTWA = (C_1T_1 + C_2T_2 + \cdots + C_nT_n)/8 \tag{A.1}$$

式中　*CTWA*——8h 工作日接触化学有害因素的时间加权平均浓度（mg/m^3）；

8——一个工作日的工作时间（h），工作时间不足 8h 者，仍以 8h 计；

C_1，C_2…，C_n——T_1，T_2…，T_n 时间段接触的相应浓度；

T_1，T_2…，T_n——C_1，C_2…，C_n 浓度下相应的持续接触时间。

【例 1】 乙酸乙酯的 PC-TWA 为 $200mg/m^3$，劳动者接触状况为：$400mg/m^3$，接触 3h；$160mg/m^3$，接触 2h；$120mg/m^3$，接触 3h。代入上述公式，$CTWA=(400\times3+160\times2+120\times3)mg/m^3\div8=235mg/m^3$。此结果 >$200mg/m^3$，超过该物质的 *PC-TWA*。

【例 2】 同样是乙酸乙酯，若劳动者接触状况为：$300mg/m^3$，接触 2h；$200mg/m^3$，接触 2h；$180mg/m^3$，接触 2h；不接触，2h。代入上述公式，$CTWA=(300\times2+200\times2+180\times2+0\times2)mg/m^3\div8=170mg/m^3$，结果 <$200mg/m^3$，则未超过该物质的 *PC-TWA*。

2. 短时间接触容许浓度（*PC-STEL*）

是指在满足 *PC-TWA* 前提下容许短时间（15min）接触的浓度。*PC-STEL* 是与 *PC-TWA* 相配套的短时间接触限值，可视为对 *PC-TWA* 的补充。只用于短时间接触较高浓度可导致刺激、窒息、中枢神经抑制等急性作用，及其慢性不可逆性组织损伤的化学物质。

3. 最高容许浓度（*MAC*）

是指工作地点在一个工作日内的任何时间有毒化学物质均不应超过的浓度。*MAC* 主要是针对具有明显刺激、窒息或中枢神经系统抑制作用，可导致严重急性损害的化学物质而制定的不应超过的最高容许接触限值，即任何情况都不容许超过的限值。最高浓度的检测应在了解生产工艺过程的基础上，根据不同工种和操作地点采集能够代表最高瞬间浓度的空气样品再进行检测。

《工作场所有害因素职业接触限值》规定了化学有害因素 339 种，其中 *MAC*53 种，*PC-TWA*286 种，*PC-STEL*116 种；规定了 46 种粉尘的容许浓度，其中 14 种粉尘制定了呼吸性粉尘的 *PC-TWA*。

（三）《工作场所职业病危害警示标识》（GB 158—2003）

该标准对在可能产生职业病危害的工作场所、设备及产品设置警示标识作了规定，标识为可使劳动者对职业病危害产生警觉，并采取相应措施的图形标识、警示线、警示语句和文字。

1. 警示标识类别

（1）图形标识　分为禁止（禁止不安全行为）标识、警告（提醒对周围环境注意）标识、指令（强制做出某种动作或采用防范措施，避免可能发生危险）标识和提示（提供相关安全信息）标识。

（2）警示语句　是一组表示禁止、警告、指令、提示或描述工作场所职业病危害的词语。可单独使用，也可和图形标识组合使用。

（3）警示线　界定和分隔危险区域的标识线，分为红色、绿色和黄色三种。

（4）有毒物品作业岗位职业病危害告知卡　针对某一职业病危害因素，告知劳动者危害后果及其防护措施的提示卡。根据需要，由各类图形标识和文字组合。

2. 警示标识设置

（1）使用有毒物品作业场所警示标识的设置。在使用有毒物品作业场所的显著位置，设置“当心中毒”、“穿防护服”、“注意通风”等标识，在维护、检修或设备故障时，设置“禁止启动”或“禁止入内”等标识；在使用高毒物品作业岗位醒目位置设《有毒物品作业岗位职业病危害告知卡》，《告知卡》是由图形标识和文字组合成的针对某一职业病危害因素，告知劳动者危害后果及其防护措施的提示卡；在高毒物品场所设置红色警示线，在一般有毒物品作业场所，设置黄色警示线，警示线应设在有毒作业场所外缘不少于30cm处。

（2）其他职业病危害工作场所警示标识的设置。根据不同作业场所的危害，设置不同的警告、指令标识。如在产生粉尘的作业场所设置“注意防尘”或“戴防尘口罩”标识；在可引起电光性眼炎的作业场所设置“当心弧光”或“戴防护镜”标识等。

（3）其他警示标识、警示线的设置。设备警示标识：在可能产生职业病危害的设备上或前方醒目位置设置相应的标识。产品包装警示标识：可能产生职业病危害的化学品或材料产品包装上要设置醒目的警示标识和简明中文警示说明。储存场所警示标识：储存可能产生职业病危害的场所，在人口和存放处设置醒目的警示标识和简明中文警示说明。职业病危害事故现场警示线：根据实际情况，分别设置红色、绿色和黄色临时警示线，划分出不同功能区。

（四）技术规范与技术导则

技术规范与技术导则也是一类重要的标准，其中主要有：

（1）GBZ/T 193 石棉作业职业卫生管理规范；

（2）GBZ/T 196 建设项目职业病危害预评价技术导则；

（3）GBZ/T 197 职业病危害控评导则；

（4）GBZ/T 198 使用人造矿物纤维绝热棉职业病危害防护规程；

（5）GBZ/T 203 高毒物品作业岗位职业病危害告知规范；

（6）GBZ/T 204 高毒物品作业岗位职业病信息指南；

（7）GBZ/T 205 密闭空间作业职业危害防护规范；

（8）GBZ 207 外照射个人剂量系统性能检验规范等。

七、国际公约

是中国政府为保护劳工状况而签定的国际公约，是中国承担全球职业安全卫生义务的承诺。中国已加入《作业场所安全使用化学品公约》、《三方协商促进履行国际劳动标准公约》等公约。

八、其他要求

其他要求指的是各级政府和相关部门、行业制定的有关产业安全健康规范、规章和文件、规范性指南等。

复习与思考

1. 1996 年第 49 届世界卫生大会通过的职业健康全球战略建议是什么？

2. 国际劳工组织（ILO）保护劳动者健康的宗旨是什么？

3. 引起急性中毒和慢性中毒前三位的化学物质分别是什么？

4.《国家职业病防治规划（2009—2015 年）》规定的职业健康工作的指导思想、基本原则、规划目标是什么？

5. 我国目前的职业安全健康监督管理体制是什么？

6. 职业安全健康工作方针？

7. 什么是时间加权平均容许浓度、短时间接触容许浓度、最高容许浓度？分别有什么意义？

第二章　职业危害因素的辨识

教学大纲：

1. 掌握职业危害因素的概念以及作用条件。
2. 掌握职业危害因素的分类。
3. 了解职业危害因素的识别方法、程序。
4. 熟悉本行业的主要职业危害因素。

第一节　职业危害因素的概念

职业病危害因素是指工作场所中存在或产生的对从事职业活动的劳动者可能导致职业病的各种危害因素。

职业危害因素主要包括各种有害的化学因素、物理因素、生物因素以及在作业过程中产生或存在的其他职业性有害因素。

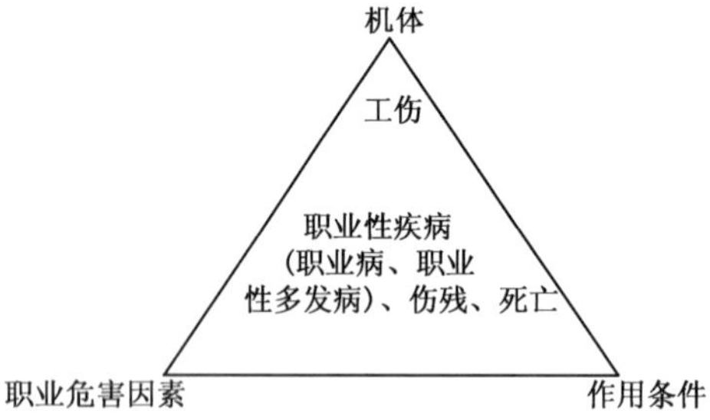

职业危害因素作用与职业人群(个体)不一定都发生职业性损害，即使发生职业性损害其结局也不一定相同，这要看职业危害因素的作用条件和机体的状况，因此三个因素联系到一起，才决定职业危害因素对机体损害的后果。见以下示意图。

职业危害因素的作用条件：

(1) 接触(暴露)机会和时间；

(2) 接触的强度(浓度)；

(3) 接触方式是经呼吸道、皮肤还是其他间接途径进入机体。

前两个条件决定了机体的接触水平，接触方式主要取决于有害因素在生产中的存在形式。生产设备落后、管理不善、缺乏卫生技术措施和个人防护用品等都可以增加劳动者的接触机会和接触水平。

在同一生产环境从事同一作业的工人中，个体发生职业性损害的机会和程度可以有很大的差别，主要取决于以下因素：

遗传因素：患有某些遗传疾病或由遗传缺陷的人，容易受到某些有毒有害物质的作用，引起病变。

年龄和性别的差异：女性对毒物较敏感，尤其是在女性的月经期、孕期、哺乳期更加敏感。未成年儿童和老年人易受职业危害因素的作用。

营养缺乏：可以降低机体的抵抗能力和康复能力。

其他疾病和精神因素：如患有皮肤病可增加皮肤对毒物的吸收，患有肝病影响对毒物的解毒能力。

文化水平和卫生习惯，具有一定文化水平和良好卫生习惯的人能够自觉地采取预防职业危害因素的措施。

上述不良因素统称为个体危险因素。具有这些因素者，容易引起职业性损害，故称为易感者或高危人群。从人群中鉴别此类人群，使其避免接触危害因素或对其加强健康监护，是劳动卫生和职业病防治工作的重要环节。

第二节　职业危害因素的分类

职业病危害因素按其来源可概括为三类：

一、生产工艺过程中产生的有害因素

（1）化学因素　包括生产性毒物，如铅、苯系物、氯、汞等；生产性粉尘，如矽尘、石棉尘、煤尘、有机粉尘等。

（2）物理因素　主要为异常气象条件如高温、高湿、低温等；异常气压如高气压、低气压等；噪声及振动；非电离辐射如可见光、紫外线、红外线、激光、射频辐射等；电离辐射如 X 射线等。

（3）生物因素　如动物皮毛上的炭疽杆菌、布氏杆菌；其他如森林脑炎病毒等传染性病原体。

二、劳动过程中的有害因素

（1）劳动组织和制度不合理，劳动作息制度不合理等。如劳动时间过长，特别多见于检修期间，有的一天工作 10~12 小时，连续十天半个月，甚至更长时间，如果组织不当则不利于员工的健康。

（2）精神(心理)性职业紧张。多见于新工人或新装置投产试运行生产不正常时，如重油加氢装置，压力高，硫化氢浓度大，易发生燃烧、爆炸和中毒。不仅新工人紧张，老工人在试运行期间也十分紧张。

（3）劳动强度过大或生产定额不当，不能合理地安排与劳动者身体状况相适应的作业；另外超负荷地加班加点；检修时工作量往往过大。

（4）个别器官或系统过度紧张，如光线不足使视力紧张等。

（5）长时间处于不良体位或姿势，或使用不合理的工具劳动。如检修过程中的仰焊等。

三、生产环境中的有害因素

1. 自然环境因素的作用

如炎热季节高温辐射，寒冷季度因窗门紧闭而通风不良，炎热季节的太阳辐射，头部受长时间照射而发生中暑等。

2. 厂房建筑或布局不合理

如有毒工段与无毒工段安排在一个车间；厂房矮小、狭窄；生产场所没有必要的卫生技术设施，如通风、换气、照明等。

3. 由不合理生产过程所致环境污染

在实际生产过程中，往往同时存在多种有害因素对劳动者的健康产生联合作用。

4. 工作环境产生的危害

人类所处的外界环境因素十分复杂。自然环境中各种物理、化学因素，除了可以引起有关疾病外，还可以产生工效学的影响。通过对微小气候、噪声、振动、照明、色影等的研究，提出人的最适宜工作环境，可以提高工作效率、降低废品率、保护人的身心健康。

5. 劳动组织和劳动休息制度安排不合理

如工人的上岗选用和培训、工间休息、轮班作业制度等的安排不合理，使工人不适应于自己所从事的工作岗位，或疲劳作业。

第三节　职业危害因素的识别与分析

职业病危害因素识别是指在职业卫生工作中，根据经验或通过工程分析、类比调查、工作场所监测、职业流行病学调查以及实验研究等方法，把建设项目或工作场所中的职业病危害因素甄别出来的过程。

职业病危害因素的识别是职业卫生工作的首要环节，也是职业卫生工作者的一项基本工作。识别企业职业危害因素的目的和意义是：

（1）确定危害因素的种类、来源、形式或性质、分布、浓度或强度、作用条件、危害程度；

（2）分析影响劳动者健康的方式、途径、程度，确定健康监护指标；为职业病诊断提供证据；

（3）确定职业病危害监测指标；

（4）明确职业病危害控制的目标，指导职业病危害防护措施的实施；

（5）是建设项目职业病危害评价工作的基础和重要环节；

（6）为职业健康管理提供科学依据；

（7）是职业病防治工作的主要任务之一，也是职业卫生监督的重要技术支撑。

一、职业危害因素识别与分析的原则

（1）识别要全面；

（2）分析要主次分明、重点突出；

（3）评价要定性与定量相结合；

（4）同时要明确分布范围及危险度。

二、职业危害因素识别与分析的常用方法

职业危害因素识别与分析的方法很多，其中较为常用的包括经验法、类比法、检查表法、工程分析法、调查检测法及其他方法等几种。

1. 经验法

经验法是评价人员依据其掌握的相关专业知识和实际工作经验，借助经验和判断能力直观地对工作场所存在或产生的职业病危害因素进行辨识分析的方法。

该方法主要适用于一些传统行业中采用传统工艺的建设项目的评价，评价人员积累的这类典型行业和工艺的职业卫生基础资料较为丰富，可根据以往的工作经验和原有的资料积累对此类建设项目的职业病因素进行识别和分析。这种方法的优点是简便、易行。缺点是受评价人员占有的知识、经验和资料的限制，可能出现遗漏和偏差。

2. 类比法

类比法是利用相同或类似工程职业卫生调查和监测、统计资料进行类推，分析评价对

象的职业病危害因素。该方法主要适用于已有相同或相似企业的建设项目中职业病危害因素的识别。优点是直观、可以定量(通过对类比现场的调查、监测)；缺点是相似可比性的差异有可能带来偏差。

3. 检查表法

检查表法是对设计的工厂、车间、工段、装置、设备、生产环节、劳动过程的相关要素以检查表的方式进行逐项检查，辨识分析各环节可能产生或存在的职业病危害因素。适用范围较广。可单独应用于一些工艺简单的项目，也可与其他方法联合使用，对一些工艺繁杂的项目进行职业病危害因素识别。本方法的优点是通过系统的检查，能比较全面地进行辨识，应用范围广；缺点是通用性较差、同样受经验等因素的影响、大项目实施起来花费时间长。

4. 工程分析法

工程分析法是对识别对象的生产流程、生产设备布局、化学反应原理、原辅材料及其杂质种类含量等进行分析，推测生产过程中固有的、潜在的、可能产生的各种职业病危害因素。主要用于新工程、新工艺、新技术、新材料等项目，不易找到类比对象。

5. 调查检测法

调查检测法是在对工作场所进行职业卫生学调查基础上，应用采样分析仪器对可能存在的职业病危害因素进行鉴别分析。本方法的适用范围是存在混合性、不确定的因素的项目。优点是在于真实可靠，可以识别其他方法难以发现的因素；缺点是受仪器设备限制，耗费人力物力时间长。

6. 其他方法

包括系统分析、排查法；理论推算法；健康监护结果、案例分析倒推法；文献检索法等。

三、职业危害因素识别与分析的程序

1. 资料收集调研

在进行职业危害因素识别之前，应收集相关资料，力求识别全面。需要收集和调研的资料包括：

(1) 项目建设情况与设计资料；

(2) 生产过程设计的原料、辅料、中间产品、产品及副产品；

(3) 生产工艺与设备；

(4) 化学品理化特征与毒性特征；

(5) 健康监护与监测资料；

(6) 相关评价报告。

2. 现场调查与类比调查

(1) 物料用量与产量，杂质含量；

(2) 原辅料加料口及其密封情况；

(3) 防护设施与管理措施；

(4) 职业病危害因素影响范围与作业人员接触情况；

(5) 抢、维修等特殊过程中职业病危害情况；

(6) 事故与应急救援情况。

3. 工程分析

应重点分析生产过程中涉及的物料、工艺水平、工艺过程与物资转化、设备布局与交叉影响、防护设施措施等。

4. 危害筛选

在识别了企业的危害因素后，应根据以下原则进一步筛选出重点的职业危害因素，按照优先治理的原则，作为企业重点改进和治理的环节。在进行筛选的过程中应遵循以下原则进行重点筛选：

（1）用量大、挥发性高、毒性高、危害性大的危害因素；

（2）出现几率多、浓度或强度高的危害因素；

（3）接触人员多、机会多的危害因素。

四、职业危害因素识别与分析的重点环节

1. 原辅材料

（1）应重点考虑生产过程中原辅材料的种类与数量；

（2）要考虑物料的形态，例如气体、液体、固体、气溶胶等；

（3）要考虑物质的理化特性，如挥发性、熔点、沸点；

（4）考虑物料的储运、装卸环节，例如加料、投料过程；

（5）考虑物料有无杂质成分，例如金属矿料、石油气等含有铅、砷、磷、硫、氨等物质；

（6）毒性资料与质检报告资料。

2. 生产过程

在生产过程中应重点分析生产原理，生产条件；化学过程包括化学反应以及物料转化等；物理过程如：压力、温度、机械挤压切割；另外，还应考虑到生产方式、设备选型、工艺水平等。

3. 产品副产品

应分析产品副产品的种类、数量、形态、包装、储运、废品废物(废气、废液、废渣)等。

在分析过程中可以根据物料平衡的原理，逐一分析原料、添加剂的去向，避免遗漏。

五、职业危害因素识别举例

1. 密闭空间职业病危害因素识别

一般密闭空间作业的职业危害因素大致包含以下几个方面：

（1）窒息缺氧：通风不良的密闭空间、氧浓度低；

（2）残留化学物等氧化反应的耗氧；

（3）微生物作用导致耗氧；

（4）惰性气体吹扫后残留量过大降氧；

（5）密闭空间内进行电焊等耗氧作业；

（6）人员太多、停留时间过长人为耗氧；

（7）中毒危险：密闭空间内有毒物质聚集；

（8）装盛有毒物质残留为彻底清除；

（9）残留物质发生化学反应，产生有毒物质；

（10）残留物质受潮等因素影响产生有毒物质(砷、磷)；

（11）有机物质分解产生有毒物质：硫化氢、氨气；

（12）密闭空间进行电焊等作业产生的有毒化学物；

（13）密闭空间进行油漆作业产生的溶剂挥发物。

在进行危害分析时应结合现场作业的通风条件、通风状况、储存的物质、废弃的物质、作业方式、清除程度等进行分析，根据分析的结果制定有效的职业健康防护措施，避免职业危害事故的发生。

2. 检维修作业危害因素识别

检维修作业工期紧张、作业环境较差，职业危害因素较多，在进行检维修作业危害因素识别时应重点分析以下环节：

（1）生产工艺：多存在高温、低温、粉尘、化学毒物等。

（2）设备材料。

（3）处理方式：例如吹扫、清洗等。

（4）焊接。

（5）探伤。

第四节　重点行业的职业危害因素

一、矿山行业生产过程中的职业危害因素

矿山开采中主要的职业危害因素有：生产性粉尘、不良气象条件、有害气体、生产性噪声和振动、不良作业姿势及采光照明不佳等。

1. 生产性粉尘

生产性粉尘是采矿作业中的主要职业性有害因素。矿井内许多生产过程如钻眼、放炮、采矿、运输等都能产生大量粉尘。作业环境的粉尘浓度、分散度及二氧化硅含量取决于井下开采方式和岩层的地质结构。在凿岩中，干式凿岩的粉尘浓度远远高于湿式凿岩，有报道干式凿岩时粉尘浓度可达1000mg/m^3以上。随着机械化程度提高和湿式作业的加强，在规模较大的矿山，作业点的粉尘浓度合格率有很大提高，但在一些小型矿山中，由于机械化程度差，粉尘浓度超标率相当高，尘肺仍是采矿工人的主要职业病。

2. 不良气象条件

（1）气温

高气温是井内不良气象条件之一。井内气温高低与巷道深度有关，巷道越深气温越高，流入的空气因密度增大而产生的压缩热使温度升高，一般巷道每深入地下100m，可使温度升高1℃。有时岩层的温度也起很大作用，在煤矿中，平均每深入30~35m，岩层温度可增高1℃。此外，机械振动产生的热能，在狭小工作面密集人员体热的散发也是使气温升高的因素之一。在井深1000m以上的矿井内，气温可高达35~40℃以上，在通风不良的深矿井中，夏季可发生中暑。

（2）气湿

井下气湿取决于巷道中的含水量、流入空气的温湿度和岩层的湿度。采矿时由于地下水不断渗出和大量蒸发，因此巷道内可形成高气湿，相对湿度一般在80%~90%以上，采煤工作面可达95%以上。但在超过800m的深矿井中，由于渗出水量显著减少，气温升高，

因而气湿相对较低。

（3）气流

矿井内气流主要由人工通风引起，但因部位不同可有很大差别，如在竖井或斜井内气流较大，而在巷道深处气流则很小。这些不良气象条件易诱发工人发生感冒、上呼吸道感染及风湿性疾病。

3. 有害气体

井下采矿中，由于多种原因可使矿井空气中含有沼气、一氧化碳、二氧化碳、氮氧化物及硫化氢等有害性气体。

（1）沼气

俗称瓦斯，为无色无臭的可燃性气体，相对密度小(0.557)，主要成分为甲烷，其在矿中的含量和地质结构及矿产种类有关，一般在煤矿中产生的瓦斯较多，主要存在于煤层中，在煤矿崩落时排放出来，一般每采一吨煤可散发出 $30m^3$ 沼气，而在深矿井中可高达 $60m^3$，由于相对密度小，多蓄积于巷道顶部。沼气可排挤空气中的氧气，在一定条件下可使矿工缺氧甚至窒息。当沼气与空气中氧混合，其浓度达5%～16%时，遇明火可发生爆炸。

（2）一氧化碳和氮氧化物

主要来源于放炮。使用硝酸甘油炸药可产生大量的一氧化碳，使用硝胺炸药则产生大量氮氧化物，二者均可引起急性中毒。

（3）硫化氢

木材腐烂及酸性矿井水与硫铁矿作用可产生硫化氢，经久封闭的废巷道内可有硫化氢积存，煤矿中则少见，一般存在于煤层一定区域的“鸡窝煤”内。矿工暴露常可引起急性硫化氢中毒。

（4）二氧化碳

巷道内木材腐烂可产生二氧化碳，煤层和煤块内可存在二氧化碳，人群呼吸、放炮也可产生二氧化碳。由于二氧化碳相对密度大(1.53)，多聚集于巷道低处及通风不良处，当空气中含量达到10%时，可使人窒息死亡。

4. 生产性噪声和振动

矿井中的噪声和振动主要来源于机械化生产，如各种风动和电动工具，运输机等。长期在强烈的噪声和振动作用下可引起职业性聋或振动病。

5. 不良作业姿势

在薄层矿脉采矿时，尤其常见于煤矿，工人有时整个工作日内只能采取弯腰、蹲位或跪卧位作业，这些因素使工人易患腰腿疼、关节炎，尤其易引起滑囊炎。煤矿井下工人滑囊炎已列为国家职业病名单中。

6. 生产性外伤和多发病

矿山开采中，由于岩层或矿层的倒塌，石块或矿石的坠落(片帮和冒顶)，井内运输事故，工作面或巷道阻塞，人行道失修，炸药爆炸，瓦斯爆炸，煤尘爆炸，触电，火灾，冒水等原因，可引起严重伤亡事故。据资料统计，煤矿工人生产性外伤原因中，片帮、冒顶事故居首位，其次是运输事故和机械或工具引起的外伤。

此外，由于矿井内作业场所的特殊性，如不见阳光，潮湿，通风不均，饮水供应不良或饮食制度不合理等，井内工人多发病有化脓性皮肤病，风湿性疾病，胃肠疾病，上呼吸道感染等。卫生管理不良时还可发生蛔虫和钩虫病。

二、石油开采与加工行业的职业危害因素

（一）石油开采行业生产过程中的主要危害因素

1. 烃类和硫化氢

在石油开采和加工生产的过程中，几乎所有地带空气中均存在烃类和硫化氢。正常生产时油井附近烃类的浓度，一般不超过 $300mg/m^3$，打捞、刮蜡、量油、输油泵房内作业时可达 $600\sim2100mg/m^3$。硫化氢引起中毒的主要途径是呼吸道吸入和皮肤接触。空气中硫化氢含量达 $0.035mg/m^3$，人即可嗅到。随浓度的增加臭蛋味增加，但当浓度超过 $10mg/m^3$，由于嗅觉神经麻痹，臭味反而不易闻到，这正是最危险的时候，往往会出现"闪电式"中毒死亡。

2. 有毒化学制剂

(1) 杀菌剂

在钻井液、压裂液配制和注水中往往要使用杀菌剂以抑制细菌的繁殖。这类药剂既有强烈的杀菌作用，同时它对人和哺乳类动物及水生生物有很大的毒性。石油工业中用的较多的杀菌剂有季胺盐类(如十二烷基二甲基苄基氯化胺，代号 1227，十二烷基三甲基氯化铵，代号 1231 等)和醛类等。

(2) 胺盐类是阳离子型表面活性剂

可以引起急性和慢性中毒，它进入人体的途径：主要是皮肤接触或经消化道进入。

(3) 缓蚀剂

缓蚀剂由于使用的场合不同，选用的胺盐有水溶性的，油分散性的，也有挥发性较强的。有的缓蚀剂成分很复杂，为了提高缓蚀效果，有时还复配有表面活性剂。关于缓蚀剂进入人体的途径、防护，与季胺盐类的情形相同。

(4) 高分子化合物

在钻井液用的泥浆材料中应用高分子化合物品种不少，但比较典型的化合物主要有聚丙烯酰胺系列，一般来说，这种聚合物属于低毒性物质。这种低毒性主要是由于合成后产品中有未完全反应的单体丙烯酰胺，而丙烯酰胺的毒性较高，可经口、皮肤、黏膜等途径吸收，对人体有致敏性。

3. 粉尘

钻井施工过程中，产生粉尘侵害人体的作业主要表现有三个方面：一是配制钻井液时，各种粉状泥浆材料破袋加入混合漏斗时，抖袋产生大量粉尘；二是下钻过程中，刹带片与刹车鼓长时间摩擦，使刹带片表面的石棉脱落，以粉尘形式散布在空气中；三是固井时，下灰过程中，有一定量的水泥泄漏，产生水泥粉尘。

4. 辐射

在物探、测井、钻井等生产过程中均会使用放射源，放射性物质进入人体的可能途径有三种：直接呼吸含放射性物质污染的空气，通过系统进入体内；被放射性污染的食物和水，通过消化道进入体内；由皮肤或伤口，经血液循环系统进入体内。

5. 高温、低温

高温作业主要包括高温强热辐射作业、高温高湿作业和夏季高温露天作业三种类型。高温作业下，人体可出现一系列生理功能的改变。主要表现在体温调节、水盐代谢、血液循环、消化泌尿、神经系统等方面的改变。这些改变的结果，超过一定限度就引起中暑。长期在寒冷地区低温环境下进行作业，称为低温作业。寒冷低温作业易造成人体的冷伤，

冷伤可分为全身性冷伤和局部性冷伤两类。体温过低即属全身性冷伤，短时间内暴露于极低温度下或长时间暴露于冰点以下的冷伤，也叫冻伤。井队职工因长期在野外工作，冬季作业易造成冻伤，所以应做好相应的预防。

6. 工业噪声

物探、钻井、采油、转油、气体净化等过程均会产生噪声，应加强对作业现场员工的防护，佩戴防噪声耳塞。

（二）石油加工行业的职业危害因素

1. 化学因素

炼油生产中可存在种类繁多的化合物，包括烃类、硫化物、四乙基铅、酮类、酚类、醚类及一氧化碳、氮氧化物、酸、碱、氨等。

原料中存在的职业病有害因素主要有苯（C_6H_6）、甲苯（C_7H_8；$CH_3C_6H_5$）二甲苯［C_8H_{10}；$C_6H_4(CH_3)_2$］、正己烷［C_6H_{14}；$CH_3(CH_2)_4CH_3$］、甲烷（CH_4）、汽油等。正常生产条件下，这些有毒物质主要来自罐、塔、器、槽车、阀门及管道等处由于密闭不良而造成的外泄。在异常情况时如罐、塔、器、槽车、阀门、管道损坏及检修或清洗罐、塔、器、槽车以及发生其他意外事故时，上述有毒物质浓度增高。

常减压蒸馏、加氢精制、加氢裂化、延迟焦化等过程中，可产生硫化氢，发生眼炎和急性中毒。

此外燃烧含硫燃料的加热炉、锅炉的烟气中可含有二氧化硫、一氧化碳和氮氧化物。在催化裂化、延迟焦化过程中可产生气体烃。

此外检修过程中进行电焊作业时产生锰，开机前置换装置内空气所用的氮气等。

2. 物理因素

有害物理因素主要为噪声、高温及维修进行电焊作业时产生的紫外线等。

三、化学品行业的职业危害因素

化学工业品种类繁多，与各行各业生产密切相关，是许多行业不可缺少的基本原料。化学工业主要有基础化工、农药化肥、石油化工、染料油漆、医药试剂、感光材料、各种助剂等。化学品行业生产过程的特点，常常具有高温、高压、易燃、易爆、易中毒及易腐蚀等特点，这就构成了化工生产对人体危害的主要特点是职业性中毒。

四、冶金机械行业职业危害因素

冶金机械行业在以下生产过程中存在着职业危害因素：

1. 铸造

铸造业可分为手工和机械造型两大类。手工造型是指用手工完成紧砂、起模、修整及合箱等主要操作的过程。劳动强度大，劳动者直接接触粉尘、化学毒物和物理因素，职业危害大。机械造型生产率高，质量稳定，工人劳动强度低，劳动者接触粉尘、化学毒物和物理因素的机会少，职业危害相对较小。

（1）粉尘危害

造型、铸件落砂与清理时产生大量的砂尘，其中粉尘性质及危害性大小主要决定于型砂的种类，如选用石英砂造型时，因游离二氧化硅含量高，其危害最大。

（2）毒物与物理因素危害

砂型与砂芯的煤烘干、熔炼、浇注产生高温与热辐射；如果采用煤或煤气作燃料还会产生一氧化碳、二氧化硫和氮氧化物等；如果采用高频感应炉或微波炉加热时则存在高频电磁场和微波辐射。

2. 锻压

锻压是对坯料施加外力，使坯料产生部分或全部的塑性变形，从而获得锻件的加工方法。

(1) 物理因素危害

噪声是锻压工序中危害最大的职业病危害因素。锻锤(空气锤和压力锤)可产生强烈噪声和振动，一般为脉冲式噪声，其强度多为100dB(A)以上。冲床、剪床也可产生高强度噪声，但其强度一般比锻锤小。加热炉温度高达1200℃，锻件温度也在500~800℃之间。在生产过程中可使工作场所产生高温与强辐射热。

(2) 粉尘与毒物危害

锻造炉、锻锤工序中加料、出炉、锻造过程可产生金属粉尘、煤尘等，尤以燃料工业窑炉污染较为严重。燃烧锻炉可产生一氧化碳、二氧化硫、氮氧化物等有害气体。

3. 热处理

热处理工艺主要是使金属零件在不改变外形的条件下，改变金属的性质(硬度、韧度、弹性、导电性等)，达到工艺上所要求的性能，从而提高产品质量。热处理包括正火、淬火、退火、回火和渗碳等基本过程。热处理一般可分普通热处理、表面热处理(包括表面淬火和化学热处理)和特殊热处理等。

(1) 有毒气体危害

机械零件的正火、退火、渗碳、淬火等热处理工序要用品种繁多的辅助材料，如酸、碱、金属盐、硝盐及氰盐等。这些辅料都具有强烈的腐蚀性和毒性。如氯化钡作加热介质，工艺温度达1300℃时，氯化钡大量蒸发，产生氯化钡烟尘污染车间空气；氯化工艺过程中有大量氨气排放于车间空气中；在渗碳、氰化等工艺过程使用氰化盐(亚铁氰化钾等)；盐浴炉中熔融的硝盐与工件的油污作用产生氮氧化物。此外，热处理过程经常使用甲醇、乙醇、丙烷、丙酮及汽油等有机剂。

(2) 物理因素危害

机械零件的正火、退火、渗碳、淬火等热处理工序都是在高温下进行的，车间内各种加热炉、盐浴槽和被加热的工件都是热源。这些热源可造成高温与强热辐射的工作环境。各种电机、风机、工业泵和机械运转设备均可产生噪声与振动。但多数热处理车间噪声强度不大，噪声超标现象较少见。

4. 机械加工

机械加工是利用各种机床对金属零件进行车、刨、钻、磨、铣等冷加工。在机械制造过程中，通常是通过铸、锻、焊、冲压等方法制造成金属零件的毛坯，然后再通过切削加工制成合格零件，最后装配成机器。

(1) 一般机械加工

在生产过程中存在的职业危害相对较小，主要是金属切削中使用的乳化液和切削对工人的影响。通常所用的乳化液是由矿物油、萘酸或油酸及碱(苛性钠)等所组成的乳剂。因机床高速转运，乳化液四溅，易污染皮肤，可引起毛囊炎或粉刺等皮肤病。

机械加工过程中，在粗磨和精磨过程中，亦有大量金属和矿物性粉尘发生。人造磨石多以金刚砂(三氧化二铝晶体)为主，其中二氧化硅含量极少，而天然磨石含有大量游离二氧化硅，故可能导致铝尘肺和矽肺。绝大多数机床产生的机械噪声在65~80dB(A)之间，噪声超标现象较少见。

（2）特种机械加工

特种机械加工的职业危害因素与加工工具有关；如电火花加工的金属烟尘、激光加工的高温和紫外辐射等；电子束X射线和金属烟尘等；离子束加工存在金属烟尘、紫外辐射和高频电磁辐射，如果使用钨电极则还有电离辐射危害；电解加工、液体喷射加工和超声波加工相对危害较小。此外，设备运转产生噪声与振动。

5. 机械装配

简单的机械装配工序职业危害因素很少，危害基本同一般机械加工。但复杂的装配生产过程中存在的职业危害因素主要与特殊装配工艺有关。如需使用各类电焊，则存在电焊职业病危害问题；如需使用胶黏剂，则存在胶黏剂的职业病危害问题，如需使用涂装工艺，则存在涂装工艺的职业病危害问题。

五、建筑和建筑材料行业的职业危害因素

（一）建筑行业的主要职业危害因素

1. 粉尘

建筑行业在施工过程中产生多种粉尘，主要包括矽尘、水泥尘、电焊尘、石棉尘以及其他粉尘等。

矽尘：挖土机、推土机、刮土机、铺路机、压路机、打桩机、钻孔机、凿岩机、碎石设备作业；挖方工程、土方工程、地下工程、竖井和隧道掘进作业；爆破作业；喷砂除锈作业；旧建筑物的拆除和翻修作业。

水泥尘：水泥运输、储存和使用。

电焊尘：电焊作业。

石棉尘：保温工程、防腐工程、绝缘工程作业；旧建筑物的拆除和翻修作业。

其他粉尘：木材加工产生木尘；钢筋、铝合金切割产生金属尘；炸药运输、贮存和使用产生三硝基甲苯粉尘；装饰作业使用腻子粉产生混合粉尘；使用石棉代用品产生人造玻璃纤维、岩棉、渣棉粉尘。

2. 噪声

建筑行业在施工过程中产生噪声，主要是机械性噪声和空气动力性噪声。产生噪声的作业主要有：

机械性噪声　凿岩机、钻孔机、打桩机、挖土机、推土机、刮土机、自卸车、挖泥船、升降机、起重机、混凝土搅拌机、传输机等作业；混凝土破碎机、碎石机、压路机、铺路机，移动沥青铺设机和整面机等作业；混凝土振动棒、电动圆锯、刨板机、金属切割机、电钻、磨光机、射钉枪类工具等作业；构架、模板的装卸、安装、拆除、清理、修复以及建筑物拆除作业等。

空气动力性噪声　通风机、鼓风机、空气压缩机、铆枪、发电机等作业；爆破作业；管道吹扫作业等。

3. 高温

建筑施工活动多为露天作业，夏季受炎热气候影响较大，少数施工活动还存在热源（如沥青设备、焊接、预热等），因此建筑施工活动存在不同程度的高温危害。

4. 振动

部分建筑施工活动存在局部振动和全身振动危害。产生局部振动的作业主要有混凝土

振动棒、凿岩机、风钻、射钉枪类、电钻、电锯、砂轮磨光机等手动工具作业，产生全身振动的作业主要有挖土机、推土机、刮土机、移动沥青铺设机和整面机、铺路机、压路机、打桩机等施工机械以及运输车辆作业。

5. 密闭空间

许多建筑施工活动存在密闭空间作业，主要包括：排水管、排水沟、螺旋桩、桩基井、桩井孔、地下管道、烟道、隧道、涵洞、地坑、箱体、密闭地下室等，以及其他通风不足的场所作业；密闭储罐、反应塔(釜)、炉等设备的安装作业；建筑材料装卸的船舱、槽车作业。

6. 化学毒物

许多建筑施工活动可产生多种化学毒物，主要有：爆破作业产生氮氧化物、一氧化碳等有毒气体；油漆、防腐作业产生苯、甲苯、二甲苯、四氯化碳、酯类、汽油等有机蒸气，以及铅、汞、镉、铬等金属毒物；防腐作业产生沥青烟；涂料作业产生甲醛、苯、甲苯、二甲苯、游离甲苯、二异氰酸酯以及铅、汞、镉、铬等金属毒物；建筑物防水工程作业产生沥青烟、煤焦油、甲苯、二甲苯等有机溶剂，以及石棉、阴离子再生乳胶、聚氨酯、丙烯酸树脂、聚氯乙烯、环氧树脂、聚苯乙烯等化学品；路面敷设沥青作业产生沥青烟等；电焊作业产生锰、镁、铬、镍、铁等金属化合物、氮氧化物、一氧化碳、臭氧等；地下储罐等地下工作场所作业产生硫化氢、甲烷、一氧化碳和缺氧状态。

7. 其他因素

许多建筑施工活动还存在紫外线作业、电离辐射作业、高气压作业、低气压作业、低温作业、高处作业和生物因素影响等。

紫外线作业主要有：电焊作业、高原作业等；

电离辐射作业主要有：挖掘工程、地下建筑以及在放射性元素本底高的区域作业，可能存在氡及其子体等电离辐射；X 射线探伤、γ 射线探伤时存在 X 射线、γ 射线电离辐射；

高气压作业主要有：潜水作业、沉箱作业、隧道作业等；

低气压作业主要有：高原地区作业；

低温作业主要有：北方冬季作业；

高处作业主要有：吊臂起重机、塔式起重机、升降机作业等；脚手架和梯子作业等；

可能接触生物因素的作业主要有：旧建筑物和污染建筑物的拆除、疫区作业等可能存在炭疽、森林脑炎、布氏杆菌病、虫媒传染病和寄生虫病等。

（二）建材行业的职业危害因素

建材工业生产的建筑材料主要有水泥、砖瓦、玻璃、陶瓷、耐火材料、石棉制品、油毡、腻子、涂料等等，生产中危害最大的是二氧化硅粉尘和石棉、水泥、滑石等硅酸盐粉尘所致的尘肺。

1. 生产性粉尘

硅酸盐水泥是最常用的一种水泥，此外还有快硬水泥、高强水泥、耐酸水泥、白水泥等，其原料为石灰石、粘土、矿渣、石膏等，在生产过程中，由于工艺的不同以及防尘设施尚不完善等原因，可以产生大量的粉尘。耐火材料、砖瓦、陶瓷、玻璃等的生产，在粉碎、过筛、配料、研磨等工序，均可产生粉尘。长期接触这些粉尘可以导致劳动者尘肺病，其中硅尘(含二氧化硅的粉尘)是矽肺病的主要原因，石棉粉尘的影响则更为复杂，除引起石棉肺外，已被国际癌症研究中心(AIRC)确认可致肺癌。

2. 有毒气体

水泥、砖瓦等在高温煅烧的过程中可产生大量的一氧化碳、二氧化碳、硫化氢、氨等气体，通风不好时，常可因逸出造成一氧化碳中毒。水泥和石灰石遇水时，生成氢氧化钙等碱性物质，刺激皮肤，引起刺激皮炎，甚至溃疡。陶瓷、玻璃生产时，常在原料中加入铅等重金属，配料和烧制的过程中会导致铅、砷、镍等有毒物质逸出，引起职业中毒。油毡生产过程中使用的沥青一般含有酚、苯、萘等多种有害物质，沥青蒸气刺激劳动者的皮肤、眼睛和呼吸系统，易使暴露部位发生接触性皮炎、色素沉着、结膜炎、支气管炎等，接触沥青的劳动者有癌症多发现象。

3. 其他危害

比较突出的有噪声和高温，噪声主要来源于原料的破碎、混筛、球磨以及成型等生产过程和空压机等。高温主要来源于各种窑炉焙烧的过程，大多数要达到 1000～2000℃的高温，热辐射强度较大，除可引起高温中暑外，还可因含有强度较高的红外线、紫外线以及亮度很大的可视线，对眼睛的角膜造成损害，甚至导致白内障。

六、纺织印染行业的职业危害因素

（一）纺织工业的职业危害因素

纺织业的工艺流程为：原料处理(因原料的不同，处理方法不同)—纺纱—机织准备—织造—整理。

在生产过程中存在的职业危害因素有：

1. 粉尘

主要存在于原料处理、纺纱、机制准备和织造过程中，尤其以原料处理过程为最严重。

有机粉尘：主要存在于棉纺的清花、梳棉、精梳、并条、粗纱、细沙、络筒、织造、废棉处理等作业，麻纺的脱胶分级扎把、梳麻、成条、并纱、粗纱、细沙等作业，毛纺的选毛、开毛、洗毛、烘毛、炭化、梳毛、粗纱、细纱、络筒的作业，丝纺的选茧、混茧、剥茧等作业。

其他粉尘：皮辊修理作业接触的橡胶粉尘。

在粉尘的长期影响下，工人易患慢性鼻炎、咽炎、接触棉、麻粉尘的疾病有纱厂热、织布工咳、急性呼吸道病和棉尘症。

2. 高温高湿

纺织工艺要求一定的温度和湿度，使棉纱紧固并维持一定的弹性及润滑性，减少断头的机会，因此大多在 24℃，相对湿度 45%～80%之间，夏季如不采取防暑降温措施，容易造成高温高湿环境。单纯的高温存在于原料处理和辅助工种，如毛纺的炭化工艺、铸针等。高温高湿存在于原料处理、纺纱、机织准备、制造工艺等过程，如纺纱和织造车间的浆纱、烘纱、蒸纱工艺，毛纺的洗毛工艺，丝纺的煮茧、缫丝工艺。

3. 噪声和振动

噪声主要为机械性噪声和流体性噪声，存在于纺纱、织造等工艺过程。织布车间的生产噪声最大，可达 100dB(A)左右，其次是细纱车间，也有 95dB(A)左右，由于噪声的强度大，暴露时间长，这些车间噪声性耳聋者较多。

4. 化学毒物

化学毒物主要存在于原料处理、机织准备和辅助工序。麻纺的原料处理工艺主要接触氢氧化钠、硫化氢、乙醇、氯气；毛纺的洗毛工艺接触碳酸钠，炭化工艺接触硫酸；浆纱工艺接触酚；皮辊修理、修梭、布机皮工接触苯；修箱、修焊针、铸针岗位接触铅。

5. 其他因素

纺织女工大多数需要站立的工作体位，并来回走动，扁平足、下肢静脉曲张、腰背痛可能与站立工作有关，由于两手肌肉不断处于紧张状态，易引起腱鞘炎。

纺织需要视力紧张的工种很多，穿筘、验布、择补工种存在不良照明和视觉紧张，照明不合理会造成视力减退。

棉麻毛原料仓储运输工种接触螨、蜣、蚤。

开毛、选毛工艺接触炭疽杆菌、布氏杆菌；用钴 60 进行羊毛消毒时要接触电离辐射。

（二）印染工业的职业危害因素

印染业的主要工艺流程为：练漂(前处理)—染色—印花—整理(后处理)四大工序。

在生产过程中存在的职业病危害因素有：

1. 高温高湿

高温高湿是以湿态加工过程为主的印染企业的主要职业病危害因素，主要存在于练漂(煮呢、烘呢、退浆、煮练、漂白、开幅、轧水、烘干、丝光、浆丝)、染色、印花、定型、整理工艺过程。

2. 化学毒物

染料：磅料、配料(液)、调色、印染和印花工艺过程中接触各种染料。染料不同，接触的化学毒物种类也不同。如偶氮染料染色接触氮氧化合物；硫化染料染色接触硫化氢等；

助剂：磅料、配料、调色、练漂、印染、印花和整理工艺过程中接触各种助剂。如前处理剂氢氧化钠、碳酸钠、氯气；树脂整理剂甲醛；涂层整理剂汽油、四氯化碳、甲苯、二甲苯等。

3. 其他

印花花筒雕刻、制版接触硝酸、盐酸、铬酸、乙醇；烧毛工艺接触汽油、一氧化碳。油漆作业接触苯、甲苯、二甲苯；锅炉作业接触煤尘；机修电焊作业接触电焊烟尘、紫外线、氮氧化物等。

4. 致癌、致敏类物质

使用苯胺染布和印花及干燥和蒸化过程中均可接触苯胺蒸气和液体，防护不好易中毒，对苯胺类染料的致癌作用亦应引起注意。纺织印染业致敏性分散染料包括：分散蓝 1、3、7、26、35、102、106、124，分散红 1、11、17，分散黄 1、3、9、39、49，分散橙 1、3、37、76，分散棕 1；致癌染料包括：酸性红 26，碱性红 9，碱性紫 14，直接黑 38，直接红 28，直接蓝 6，分散蓝 1，分散黄 3，分散橙 11。

复 习 与 思 考

1. 职业病危害因素的概念是什么？
2. 职业危害因素的作用条件都包含哪些？
3. 职业病危害因素按其来源分为几类？
4. 职业危害因素识别与分析的常用方法有哪些？分别有哪些优缺点？
5. 结合本企业实际说明职业危害因素识别与分析的程序是什么？
6. 请结合本企业生产实际辨识生产过程中的职业危害因素。

第三章 职业危害监测与评价

教学大纲：

1. 了解我国《职业病防治法》、《作业场所职业健康监督管理暂行规定》关于职业危害监测与评价的规定。

2. 了解按照监测目的和监测方式分类，职业危害因素监测的种类。

3. 了解如何选择监测机构。

4. 掌握确定采样点的原则。

5. 了解职业危害监测结果的管理要求。

6. 了解建设项目职业危害评价各阶段的要求。

第一节 概 况

《中华人民共和国职业病防治法》明确规定了对职业危害监测与评价的要求，职业病防治法规定：用人单位应当建立、健全工作场所职业病危害因素监测及评价制度；用人单位应当实施由专人负责的职业病危害因素日常监测，并确保监测系统处于正常运行状态。用人单位应当按照国务院卫生行政部门的规定，定期对工作场所进行职业病危害因素检测、评价。检测、评价结果存入用人单位职业卫生档案，定期向所在地卫生行政部门报告并向劳动者公布。职业病危害因素检测、评价由依法设立的取得省级以上人民政府卫生行政部门资质认证的职业卫生技术服务机构进行。职业卫生技术服务机构所作检测、评价应当客观、真实。发现工作场所职业病危害因素不符合国家职业卫生标准和卫生要求时，用人单位应当立即采取相应治理措施，仍然达不到国家职业卫生标准和卫生要求的，必须停止存在职业病危害因素的作业；职业病危害因素经治理后，符合国家职业卫生标准和卫生要求的，方可重新作业。

国家安全生产监督管理局23号令《作业场所职业健康监督管理暂行规定》关于职业危害监测与评价的规定是：

第二十一条规定：存在职业危害的生产经营单位应当设有专人负责作业场所职业危害因素日常监测，保证监测系统处于正常工作状态。监测的结果应当及时向从业人员公布。

第二十二条规定：存在职业危害的生产经营单位应当委托具有相应资质的中介技术服务机构，每年至少进行一次职业危害因素检测，每三年至少进行一次职业危害现状评价。定期检测、评价结果应当存入本单位的职业危害防治档案，向从业人员公布，并向所在地安全生产监督管理部门报告。

第二十三条规定：生产经营单位在日常的职业危害监测或者定期检测、评价过程中，发现作业场所职业危害因素的强度或者浓度不符合国家标准、行业标准的，应当立即采取措施进行整改和治理，确保其符合职业健康环境和条件的要求。

及时了解、掌握工作场所职业病危害因素的浓度或强度，早期发现职业病危害，及时采取防护措施，消除或减少职业病危害因素对劳动者健康的影响，是职业病二级预防中的关键环节。只有通过日常监测，用人单位才能及时了解、掌握工作场所职业病危害因素的浓度或强度。用人单位应当依据行政法规的要求，根据工作场所职业病危害因素的类别，确定日常监测点、监测项目、监测方法、监测频率(次)，建立监测系统，建立监测仪器设备使用管理制度和监测结果统计公布报告制度等，设立专人负责监测的实施和管理，对主要职业病危害因素进行动态观察，及时发现、处理职业病危害隐患。用人单位应当切实落实有关监测管理制度，确保监测系统时刻处于正常运行状态。

第二节　职业危害监测

一、职业危害监测的分类

1. 按照监测目的分类

根据监测的目的不同，监测可分为以下四类：

(1) 评价监测　适用于建设项目职业病危害因素预评价、建设项目职业病危害因素控制效果评价和职业病危害因素现状评价等。

(2) 日常监测　适用于对工作场所空气中有害物质浓度进行的日常的定期监测。

(3) 监督监测　适用于职业卫生监督部门对用人单位进行监督时，对工作场所空气中有害物质浓度进行的监测。

(4)事故性监测　适用于对工作场所发生职业危害事故时进行的紧急采样监测。

用人单位应根据监测的目的，选择相应的监测频次和监测样本数量。例如，日常监测在评价职业接触限值为时间加权平均容许浓度时，应选定有代表性的采样点，在空气中有害物质浓度最高的工作日采样 1 个工作班，而评价监测在评价职业接触限值为时间加权平均容许浓度时，应选定有代表性的采样点，连续采样 3 个工作日，其中应包括空气中有害物质浓度最高的工作日。

2. 按照监测方式分类

根据监测方式的不同，又可以分为区域监测和个体监测。

(1) 区域监测　又叫定点监测。是对以监测点为代表的区域作为监测对象，对作业场所危害因素浓度或强度进行判断和评价。

(2) 个体监测　是以接触和可能接触有害物质的劳动者作为监测对象，判定劳动者接触有毒有害物质浓度或强度的方法。

二、监测机构的选择

国家对职业危害监测、评价等工作采取了资质认证制度，以保证监测结果的准确、公正。用人单位在开展职业病危害因素检测、评价工作时，必须选择具备以下条件的机构：

(1) 必须是依法设立的从事职业卫生技术服务机构，如各级职业病防治机构等；

(2) 必须取得省级以上人民政府卫生行政部门的资质认证。

职业病危害因素检测、评价在职业病防治工作中具有十分重要的意义，因此，检测、评价应当客观、真实、科学、准确，不得弄虚作假。

三、采样点的选择

1. 选择采样点的原则

采样点选择合理，才能够正确、真实地反应作业场所的有毒有害物质水平，所以，无论哪种类型的监测，都应该认真确定采样点，确保样本有代表性。

在选择采样点时应遵循以下原则：

（1）选择有代表性的工作地点，其中应包括空气中有害物质浓度最高、劳动者接触时间最长的工作地点。

（2）在不影响劳动者工作的情况下，采样点尽可能靠近劳动者；空气收集器应尽量接近劳动者工作时的呼吸带。

（3）在评价工作场所防护设备或措施的防护效果时，应根据设备的情况选定采样点，在劳动者工作时的呼吸带进行采样。

（4）采样点应设在工作地点的下风向，应远离排气口和可能产生涡流的地点。

2. 采样点数目的确定

（1）工作场所按产品的生产工艺流程，凡逸散或存在有害物质的工作地点，至少应设置 1 个采样点。

（2）一个有代表性的工作场所内有多台同类生产设备时，1～3 台设置 1 个采样点；4～10 台设置 2 个采样点；10 台以上，至少设置 3 个采样点。

（3）一个有代表性的工作场所内，有 2 台以上不同类型的生产设备，逸散同一种有害物质时，采样点应设置在逸散有害物质浓度大的设备附近的工作地点；逸散不同种有害物质时，将采样点设置在逸散待测有害物质设备的工作地点，采样点的数目参照以上(2)确定。

（4）劳动者在多个工作地点工作时，在每个工作地点设置 1 个采样点。

（5）劳动者工作是流动的时，在流动的范围内，一般每 10m 设置 1 个采样点。

（6）仪表控制室和劳动者休息室，至少设置 1 个采样点。

3. 采样时段的选择

（1）采样必须在正常工作状态和环境下进行，避免人为因素的影响。

（2）空气中有害物质浓度随季节发生变化的工作场所，应将空气中有害物质浓度最高的季节选择为重点采样季节。

（3）在工作周内，应将空气中有害物质浓度最高的工作日选择为重点采样日。

（4）在工作日内，应将空气中有害物质浓度最高的时段选择为重点采样时段。

四、监测结果的管理

为保障日常监测工作的连续性和有效性，便于管理，用人单位应保存监测结果，检测、评价结果必须存入用人单位职业卫生档案，并向所在地卫生行政部门报告和向劳动者公布。

第三节　职业危害评价

一、职业危害评价的阶段与类别

1. 可行性论证阶段

新建、改建、扩建的工程建设项目和技术改造、技术引进项目(以下统称建设项目)可能产生职业危害的，建设单位应当按照有关规定，在可行性论证阶段委托具有相应资质的职业健康技术服务机构进行预评价。职业危害预评价报告应当报送建设项目所在地卫生行政部门审批后，到安全生产监督管理部门备案。

职业病危害预评价是对可能产生职业病危害的建设项目，在可行性论证阶段，对建设项目可能产生的职业病危害因素、危害程度、健康影响、防护措施等进行预测性卫生学评价，以了解建设项目在职业病防治方面是否可行，也为职业病防治管理的分类提供科学依据。因此，建设项目在可行性论证阶段必须进行职业病危害预评价。建设项目都需要采用一定的技术、工艺、材料，而技术、工艺、材料都不可避免地存在自身固有的危害因素，或者在使用、运行过程中也可产生危害因素，并可能对人体的健康造成影响。因此，建设项目是否产生职业病危害，其产生职业病危害的可能性大小，必须通过职业病危害预评价来确定。所以，对采用一定技术、工艺、材料的建设项目都应当进行职业病危害预评价。提交预评价报告的责任人是可能产生职业病危害的建设项目的建设单位。

职业病危害预评价报告是建设项目职业病危害预评价的技术性文书。其内容包括：

（1）建设项目存在的职业病危害因素的种类、危害程度以及造成危害后果的条件；

（2）预防职业病危害事故的措施（含管理措施）；

（3）哪些工序、部位、作业岗位的危害性大，需要重点监视和管理；

（4）可能产生严重职业病危害的原因、影响范围和后果；

（5）需要采取哪些应急救援措施；

（6）评价结论。

这些都为建设项目投产后的职业卫生管理提供了目标和方向。预评价的分析、评价结论和对策措施可为政府卫生行政部门审批建设项目的职业病防护设施设计提供依据，也为建设单位职业卫生管理的系统化、标准化和科学化提供依据。

2. 初步设计阶段

可能产生职业危害的建设项目应当在初步设计阶段编制职业危害防治专篇。职业危害防治专篇应当报送建设项目所在地安全生产监督管理部门备案。

职业病危害严重的建设项目，在初步设计阶段，建设单位应当委托具有资质的设计单位对该项目编制职业病防护设施设计专篇。

职业病危害严重的建设项目，建设单位应当向原审批职业病危害预评价报告的卫生行政部门提出建设项目职业病防护设施设计卫生审查申请，填写《建设项目职业病防护设施设计审查申请书》，并按规定提交申报材料。

中、高能加速器、进口放射治疗装置、γ 辐照加工装置等大型辐射装置建设项目还应当提交卫生部指定的放射防护技术机构出具的职业病防护设施设计技术审查意见。

卫生行政部门可以指定机构或组织专家对建设项目职业病防护设施设计进行技术审查，并根据技术审查结论进行行政审查。审查同意的，应当在受理之日起 20 个工作日内予以批复；不同意的，应当书面通知建设单位并说明理由。

职业病危害严重的建设项目，其职业病防护设施设计未经审查或审查不合格的，不得施工。

3. 项目建设阶段

建设项目的职业危害防护设施应当与主体工程同时设计、同时施工、同时投入生产和使用。在建设与施工阶段应确保设计中的职业病防护设施与主体工程同时施工。

这一阶段的管理着重在建设项目的职业危害防治设计审查后、项目建设和施工时的职业病危害控制，与设计阶段、竣工验收阶段等主要关键环节的管理，环环相扣，确保新建设项目不产生新危害，从而堵住职业病危害源头。建设项目建设和施工阶段做好职业病危害预防工作，是一件事半功倍的大事，是职业病防治工作最有效、最经济的措施，是职业病防治工作的首要环节。在项目建设施工阶段，预防、控制可能产生的职业病危害不仅能够从源头上控制职业病的发生，而且还能产生显著的经济效益。

建设项目职业病防护设施所需费用包括职业病防护设备、卫生设施、个人职业病防护用品、应急救援设施、职业病危害因素监测设备、职业病危害预评价、职业病危害控制效果评价等费用。职业病防护设施所需费用的落实是“三同时”措施的重要保证。

4. 竣工验收阶段

建设项目在竣工验收前，建设单位应当按照有关规定委托具有相应资质的职业健康技术服务机构进行职业危害控制效果评价。建设项目竣工验收时，其职业危害防护设施依法经验收合格，取得职业危害防护设施验收批复文件后，方可投入生产和使用。职业病危害控制效果评价是对工作场所职业病危害因素、职业病危害程度(浓度或强度)、职业病防护措施及其效果、健康影响等作出综合评价。

职业危害控制效果评价报告、职业危害防护设施验收批复文件应当报送建设项目所在地安全生产监督管理部门和卫生行政部门备案、审批。

为保证职业病危害预评价、职业病危害控制效果评价工作的质量以及评价报告、评价结论的科学、客观和公正，国家对职业病危害预评价、职业病危害控制效果评价机构实施资质管理，开展职业病危害预评价、职业病危害控制效果评价机构必须是取得省级以上人民政府卫生行政部门的资质认证的职业卫生技术服务机构。职业卫生服务机构应当对其出具的评价报告负责。

5. 日常监测和评价

存在职业危害的生产经营单位应当委托具有相应资质的中介技术服务机构，每年至少进行一次职业危害因素检测，每三年至少进行一次职业危害现状评价。定期检测、评价结果应当存入本单位的职业危害防治档案，向从业人员公布，并向所在地安全生产监督管理部门报告。

生产经营单位在日常的职业危害监测或者定期检测、评价过程中，发现作业场所职业危害因素的强度或者浓度不符合国家标准、行业标准的，应当立即采取措施进行整改和治理，确保其符合职业健康环境和条件的要求。

二、职业危害评价机构的选择

职业病危害预评价、职业病危害控制效果评价应当由依法取得资质的职业卫生技术服务机构承担。

凡从事职业卫生技术服务的机构，必须取得卫生部或者省级卫生行政部门颁发的《职业卫生技术服务资质证书》，并按照资质证书规定的项目，从事职业卫生技术服务工作。

职业卫生技术服务机构对其作出的评价报告负责。

三、建设项目职业危害分类管理

为了预防、控制和消除建设项目可能产生的职业病危害，根据《中华人民共和国职业病防治法》，国家对职业病危害建设项目实行分类管理。

可能产生职业病危害项目是指存在或产生《职业病危害因素分类目录》所列职业病危害

因素的项目。

对可能产生职业病危害的建设项目分为职业病危害轻微、职业病危害一般和职业病危害严重三类：

(1) 职业病危害轻微的建设项目，其职业病危害预评价报告、控制效果评价报告应当向卫生行政部门和安全生产监督管理部门备案；

(2) 职业病危害一般的建设项目，其职业病危害预评价、控制效果评价应当进行审核、竣工验收；

(3) 职业病危害严重的建设项目，除进行前项规定的卫生审核和竣工验收外，还应当进行设计阶段的职业病防护设施设计的卫生审查。

可能产生严重职业病危害的因素包括下列内容：

(1)《高毒物品目录》所列化学因素；

(2) 石棉纤维粉尘、含游离二氧化硅 10%以上粉尘；

(3) 放射性因素：核设施、辐照加工设备、加速器、放射治疗装置、工业探伤机、油田测井装置、甲级开放型放射性同位素工作场所和放射性物质贮存库等装置或场所；

(4) 卫生部规定的其他应列入严重职业病危害因素范围的。

复习与思考

1.《职业病防治法》第 24 条关于日常监测有哪些要求？

2.《作业场所职业健康监督管理暂行规定》多长时间进行一次职业危害因素检测和职业危害现状评价？

3. 按照监测目的职业危害监测分为哪几类？

4. 选择采样点的原则是什么？

5. 职业危害评价的阶段有哪些？

6. 存在职业危害的用人单位应如何进行职业危害现状评价？

7. 在新建、改建、扩建项目的可行性论证阶段、初步设计阶段、项目建设阶段、竣工验收阶段都有哪些职业健康方面的要求？

第四章 职业危害申报

教学大纲：

1. 了解企业为什么要进行作业场所职业危害申报及相关法律要求。
2. 了解职业危害因素分类。
3. 熟悉职业危害申报的过程。

第一节 职业危害申报的基本要求

《中华人民共和国职业病防治法》第十四条规定：建立职业病危害项目的申报制度，用人单位设有依法公布的职业病目录所列职业病的危害项目的，应当及时、如实向职业健康监督管理部门进行申报，接受监督。由于目前作业场所职业健康的监督检查的职责划归安全生产监督管理局，职业病危害项目的申报由各省市安全生产监督管理部门负责组织实施。为了落实职业病防治法的上述规定，进一步规范职业病危害项目申报工作，加强职业病危害项目的监督管理，国家安全生产监督管理总局颁布了第27号令《作业场所职业危害申报管理办法》自2009年9月8日起施行。根据这个办法，除煤矿企业另有规定外，存在或者产生职业危害的生产经营单位，应当向相应的安监部门及时、如实申报职业危害，并接受安监部门的监督管理。县级以上安全生产监督管理部门应当建立职业危害管理档案。职业危害管理档案应当包括辖区内存在职业危害因素的生产经营单位数量、职业危害因素种类、行业及地区分布、接触人数、防护设施的配备和职业卫生管理状况等内容。

建立职业病危害项目申报制度，目的是使职业健康监督部门及时掌握危害项目的情况，有利于加强对职业病危害项目的管理，职业危害申报是企业必须履行的法定义务，也是安全监管部门履行职业健康监管职责的重要内容，开展职业危害申报有助于引导企业掌握本企业的职业危害情况，做好防控工作，也有助于安全监管部门掌握辖区内职业危害的分布情况，有针对性地开展监管工作。

一、职业危害因素申报分类依据

在申报职业危害因素时，应按照《职业病危害因素分类目录》的分类进行申报，《职业病危害因素分类目录》分为以下十大类：

1. 尘肺(13种)

矽肺煤工尘肺、石墨尘肺、炭黑尘肺、石棉肺、滑石尘肺、水泥尘肺、云母尘肺、陶工尘肺、铝尘肺、电焊工尘肺、铸工尘肺、根据《尘肺病诊断标准》和《尘肺病理诊断标准》可以诊断的其他尘肺。

2. 职业性放射性疾病(11种)

外照射急性放射病、外照射亚急性放射病、外照射慢性放射病、内照射放射病、放射性皮肤疾病、放射性肿瘤、放射性骨损伤、放射性甲状腺疾病、放射性性腺疾病、放射复合伤、根据《职业性放射性疾病诊断标准(总则)》可以诊断的其他放射性损伤。

3. 职业中毒(56种)

铅及其化合物中毒(不包括四乙基铅)、汞及其化合物中毒、锰及其化合物中毒、镉及其化合物中毒、铍病、铊及其化合物中毒、钡及其化合物中毒、钒及其化合物中毒、磷及其化合物中毒、砷及其化合物中毒、铀中毒、砷化氢中毒、氯气中毒、二氧化硫中毒、光气中毒、氨中毒、偏二甲基肼中毒、氮氧化合物中毒、一氧化碳中毒、二硫化碳中毒、硫化氢中毒、磷化氢、磷化锌、磷化铝中毒、工业性氟病、氰及腈类化合物中毒、四乙基铅中毒、有机锡中毒、羰基镍中毒、苯中毒、甲苯中毒、二甲苯中毒、正己烷中毒、汽油中毒、一甲胺中毒、有机氟聚合物单体及其热裂解物中毒、二氯乙烷中毒、四氯化碳中毒、氯乙烯中毒、三氯乙烯中毒、氯丙烯中毒、氯丁二烯中毒、苯的氨基及硝基化合物(不包括三硝基甲苯)中毒、三硝基甲苯中毒、甲醇中毒、酚中毒、五氯酚(钠)中毒、甲醛中毒、硫酸二甲酯中毒、丙烯酰胺中毒、二甲基甲酰胺中毒、有机磷农药中毒、氨基甲酸酯类农药中毒、杀虫脒中毒、溴甲烷中毒、拟除虫菊酯类农药中毒、根据《职业性中毒性肝病诊断标准》可以诊断的职业性中毒性肝病、根据《职业性急性化学物中毒诊断标准(总则)》可以诊断的其他职业性急性中毒。

4. 物理因素所致职业病(5种)

中暑、减压病、高原病、航空病、手臂振动病。

5. 生物因素所致职业病(3种)

炭疽、森林脑炎、布氏杆菌病。

6. 职业性皮肤病(8种)

接触性皮炎、光敏性皮炎、电光性皮炎、黑变病、痤疮、溃疡、化学性皮肤灼伤、根据《职业性皮肤病诊断标准(总则)》可以诊断的其他职业性皮肤病。

7. 职业性眼病(3种)

化学性眼部灼伤、电光性眼炎、职业性白内障(含放射性白内障、三硝基甲苯白内障)。

8. 职业性耳鼻喉口腔疾病(3种)

噪声聋、铬鼻病、牙酸蚀病。

9. 职业性肿瘤(8种)

石棉所致肺癌、间皮瘤、联苯胺所致膀胱癌、苯所致白血病、氯甲醚所致肺癌、砷所致肺癌、皮肤癌、氯乙烯所致肝血管肉瘤、焦炉工人肺癌、铬酸盐制造业工人肺癌。

10. 其他职业病(5种)

金属烟热、职业性哮喘、职业性变态反应性肺泡炎、棉尘病、煤矿井下工人滑囊炎。

二、职业危害申报的内容

生产经营单位申报职业危害时，应当提交《作业场所职业危害申报表》和下列有关资料：

(1) 生产经营单位的基本情况；

(2) 产生职业危害因素的生产技术、工艺和材料的情况；

(3) 作业场所职业危害因素的种类、浓度和强度的情况；

(4) 作业场所接触职业危害因素的人数及分布情况；

(5) 职业危害防护设施及个人防护用品的配备情况；

(6) 对接触职业危害因素从业人员的管理情况；

(7) 法律、法规和规章规定的其他资料。

三、职业危害申报的频次

作业场所职业危害每年申报一次。当生产经营单位发生重大变化的，应当向原申报机关申报变更：

（1）进行新建、改建、扩建、技术改造或者技术引进的，在建设项目竣工验收之日起30日内进行申报；

（2）因技术、工艺或者材料发生变化导致原申报的职业危害因素及其相关内容发生重大变化的，在技术、工艺或者材料变化之日起15日内进行申报；

（3）生产经营单位名称、法定代表人或者主要负责人发生变化的，在发生变化之日起15日内进行申报。

生产经营单位终止生产经营活动的，应当在生产经营活动终止之日起15日内向原申报机关报告并办理相关手续。

四、职业危害申报的程序

职业危害申报工作实行属地分级管理。生产经营单位应当按照规定对本单位作业场所职业危害因素进行检测、评价，并按照职责分工向其所在地县级以上安全生产监督管理部门申报。中央企业及其所属单位的职业危害申报，按照职责分工向其所在地设区的市级以上安全生产监督管理部门申报。

为进一步规范和指导职业危害申报工作，国家安全监管总局制定了《作业场所职业危害申报表》，明确了申报内容。为提高申报工作效率，国家安全监管总局组织研发了作业场所职业危害申报与备案管理系统(以下简称申报系统，网址：http：//www. chinasafety. ac. cn)。企业通过该申报系统进行申报。申报工作流程为：

（1）登录申报系统注册；

（2）在线填写和提交《申报表》；

（3）安全监管部门审查备案；

（4）打印审查备案的《申报表》并签字盖章，按规定报送地方安全监管部门。

安全监管部门收到企业报送的纸质《申报表》后，应当即为企业开具《作业场所职业危害申报回执》，并将《申报表》归入职业健康管理档案。

作业场所职业危害申报采取电子和纸质文本两种方式。生产经营单位通过“作业场所职业危害申报与备案管理系统”进行电子数据申报，同时将《作业场所职业危害申报表》加盖公章并由生产经营单位主要负责人签字后，连同有关资料一并上报所在地相应的安全生产监督管理部门。

第二节　职业危害申报的实际应用

职业危害申报是企业职业健康管理的一项基础性工作，其申报的格式及说明如下：

一、申报要求填写的内容说明

(1)【法定代表人】　不具备法人资格的企业、个体经济组织等用人单位，填写单位负责人。

职工总数50人以上的企业，必须填写【职业卫生管理机构】和【职业卫生负责人】。

(2)【行业分类】　按《国民经济行业分类和代码》(GB/T 4754—2002)填报。

（3）【填报类别】 是指第一次申报还是变更申报。如是变更申报，需要填写【变更原因】。

（4）【在岗职工人数】、【在岗女工人数】等需要填写数字的栏目，数据统计范围为上一年度。

（5）【主要原辅材料】 主要指化学性毒物。

（6）【副产品】 包含废气、废液、废渣等废品。

（7）【职业病危害因素名称】 按照《职业病危害因素分类目录》确定。

（8）【职业病危害因素来源】 是指产生或存在职业病危害因素的工序或装置名称。

（9）【设备状态】 是指产生或存在职业病危害因素的设备的密闭情况，分为全密闭、半封闭、敞开式。

（10）【操作方式】 指存在或产生职业病危害因素的设备或工序的自动化、机械化程度等情况，分为自动化、机械化、手工操作。

（11）【浓（强）度】 填写近1年内的最新检测结果。

（12）【接触职业病危害因素人员管理情况汇总表】 填写近1年内接触职业病危害因素的劳动者参加职业卫生培训和职业健康体检的情况。

二、作业场所职业危害申报表

作业场所职业危害申报表由国家安全生产监督管理总局制，需要填报的内容包括申报单位基本情况、申报单位生产情况、申报单位存在职业病危害的作业场所，作业场所职业病危害因素汇总表，接触职业病危害因素人员管理情况汇总表等。

生产经营单位通过“作业场所职业危害申报与备案管理系统”进行电子数据申报，待安全生产监督管理部门网上审核通过后，打印文本《作业场所职业危害申报表》，加盖单位公章，并由生产经营单位主要负责人签字后，连同有关资料一并上报所在地相应的安全生产监督管理部门，安全监管部门收到企业报送的纸质《申报表》后，为企业开具《作业场所职业危害申报回执》。

《作业场所职业危害申报表》和《作业场所职业危害申报回执》表样见本书附录。

复习与思考

1. 职业危害申报的分类依据是什么？
2. 简述职业危害申报的程序。
3. 职业危害应该向哪些部门申报？
4. 职业危害申报的意义是什么？

第五章　职业安全健康主体责任

教学大纲：

1. 了解企业职业安全健康的主体责任。
2. 了解各部门主要领导的职业安全健康的责任。
3. 掌握职工的职业安全健康的权利和义务。

第一节　职业安全健康主体责任的落实

一、法规对职业安全健康主体责任的要求

《中华人民共和国职业病防治法》第十九条明确规定了用人单位应当设置或者指定职业卫生管理机构或者组织、配备专职或者兼职的职业卫生专业人员，负责本单位的职业病防治工作；《作业场所职业健康监督管理暂行规定》也明确提出存在职业危害的生产经营单位应当设置或者指定职业健康管理机构，配备专职或者兼职的职业健康管理人员，负责本单位的职业危害防治工作。生产经营单位的主要负责人和职业健康管理人员应当具备与本单位所从事的生产经营活动相适应的职业健康知识和管理能力，并接受安全生产监督管理部门组织的职业健康培训。

作为有社会责任感的企业，应承担起职业危害防治的责任主体，因为企业不仅是社会财富的创造者，也是社会责任的承担者。企业在追求自身经济利益的同时，必须要对"利益相关者"承担应尽的义务和必要的责任，其中一个重要方面就是对职工的责任，有保障职工身体健康和工作环境安全的义务。企业与劳动者之间的关系所体现的是一种社会关系，这种关系要求企业必须在一定生产关系的约束下对企业劳动者的生存和发展承担责任。而人力资源是企业和社会赖以生存发展的基本要素，保障职工身体健康和工作环境安全不仅直接关系到企业的持续健康发展，也关系到社会的和谐与安定。所以，企业是职业危害防治的主体责任，并非只是单纯地对社会、对职工负有的一种法律义务或道德义务，而是科学发展的内在要求，也是构建和谐社会的必然要求。

近年来，我国职业病危害事件时有发生，究其原因，就是一些企业特别是中小企业在职业危害防治上缺失"责任主体"意识，只顾赚钱，不履行法定义务与责任，忽视职工工作时最起码的劳动保护用品及设备，使其长期在粉尘浓度超标、各种有毒气体弥漫的环境中工作，导致尘肺病、职业中毒等职业病。

让企业真正担负起职业危害防治的主体责任，一方面要从理念上强化企业对担负防治职业病主体责任的意识，另一方面，政府有关监管部门要强化监管力度，严肃查处危害劳动者健康的违法行为；同时，坚决杜绝片面强调经济发展搞"先上车后补票"的做法，严格把好企业立项、准入关。通过综合治理，树立企业作为职业病防治的责任主体地位，使经济社会实现科学发展。

二、企业如何建立职业健康责任制

落实职业安全健康主体责任的关键在于建立职业健康组织机构，明确管理人员，落实各级各类人员的职业健康责任制。

企业实施职业安全健康责任制的情况大致有下面几种情况：

(1) 企业没有建立职业安全健康责任制。一些企业对职业健康工作没有给予足够的重视，对职业健康的管理、宣传、治理等工作没有落实到相应的部门和人员，职业健康的管理工作还是一片空白，职业健康管理工作作为临时性任务指派给部门去完成，这样就造成工作不够系统，没有连续性，没有针对性，达不到预防为主、综合治理的目的。

(2) 规定了主管部门的职业健康管理职责，但规定不够全面，没有层层分解，职业健康工作还存在死角。例如，有些企业将职业健康工作等同于健康体检，只要求某部门负责组织、联系体检工作，却没有将体检后续的职业病统计、职业多发病的统计、职业禁忌症的调离以及工程控制等管理工作落实下去。使得企业的职业健康工作只停留在表面，没有全面展开，真正促进企业的发展。

(3) 只规定了职能部门的职责，忽略了全员参与。《职业病防治法》规定：劳动者依法享有职业卫生保护权利。这些权利包括：参与用人单位职业卫生工作的民主管理，对职业病防治工作提出意见和建议等。《职业病防治法》还规定，劳动者应当学习和掌握职业卫生知识，遵守职业病防治法律、法规、和操作规程，正确使用和维护职业病防护用品，及时报告职业病危害事故隐患，明确了劳动者在职业病防治中应当履行的义务和责任，这些义务和责任往往没有得到真正的体现。

企业应当建立职业卫生组织管理机构，配备具有专业素质和能力的专职或者兼职职业卫生技术人员，并结合本单位的实际情况，建立健全职业卫生管理责任制。要落实职业卫生管理人员的责、权、利，以责定权，各级管理人员都要明确职责范围、基本任务、工作标准、实施程序、协作要求和奖罚办法等内容，把职业卫生管理工作纳入企业的管理考核，调动各级人员的积极性，齐抓共管，做好企业的职业病预防工作。

根据国内外的实践经验，工作场所职业病危害的控制效果取决于用人单位职业病防治管理效能，而职业病防治责任制则是提高用人单位职业病防治管理效能的制度保证。鉴于职业病防治工作对先进性、稳定性、连续性和有效性的要求，消除职业病危害，关键在于用人单位。为了有效保护劳动者的健康，必须使职业病防治工作规范化、制度化，必须从制度上强化用人单位的职业病防治管理责任。用人单位要根据本单位的实际情况，结合不同职业病危害的工作场所和不同的职业病防治岗位，建立健全职业病防治责任制。同时要注意处理好以下几个问题：

(1) 要正确处理职业病防治责任制与经济责任制的关系，以保护劳动者健康及相关权益为目标，落实职业病防治工作管理人员、工作人员的责、权、利，力戒形式主义。

(2) 以责定权，以控制效果定奖，体现奖优罚劣的原则。落实职业病防治责任制，用人单位可以采取适当的经济手段，同职业病防治管理人员、工作人员的经济利益挂钩，但不能像完成经济指标那样，把依据国家职业卫生标准和卫生要求制定的职业病防治目标分解或者压在劳动者身上。

(3) 规范职业健康责任制内容，无论是单位集体责任制，还是个人责任制都要根据职业病防治目标与计划，明确职责范围、基本任务、工作标准、实施程序、协作要求和奖罚办法等内容。

（4）指标分解和考核要有针对性，抓住影响职业病防治控制效果的关键，达到责任指标量化、考核数据化、分配差额化（即按职业病防治工作绩效的大小与奖惩挂钩）。

第二节　企业负责人的职业健康责任

为帮助企业建立和健全职业健康责任制，我们选编了企业各级各类人员的职业健康责任制，企业可以根据自己的实际情况编制，关键是做到职业安全健康事事有人管，人人有专责。

一、企业主要负责人的责任

（1）公司法定代表人是企业职业卫生安全生产的第一责任人，对企业的职业卫生安全生产工作全面负责。

（2）贯彻执行国家有关安全生产的方针、政策、法律、法规和标准。

（3）监督公司主管部门将职业卫生安全生产的责任层层落实到主体单位。

（4）主持召开公司职业卫生安全生产委员会，研究解决有关职业卫生安全生产的重大问题。

（5）建立健全公司的职业卫生安全生产管理机构，合理配备专职职业卫生安全生产管理人员。

（6）负责审批公司职业卫生安全事故应急救援预案。

（7）公司若发生重大职业及中毒事故，及时组织抢险和善后，及时如实上报职业卫生安全生产事故。

（8）督导各有关单位足额提取职业卫生安全生产费用，确保职业卫生安全生产投入的有效实施。

（9）高度重视职业卫生安全生产，加强领导，督促各有关部门履行职业卫生安全生产监督管理职责。

（10）督导公司全体职工的职业卫生培训管理工作。

二、工会主席职业卫生安全职责

（1）贯彻国家及总工会有关劳动保护和职业卫生的方针、政策，并监督执行，充分发挥群众监督在安全生产工作中的作用。

（2）加强对职业卫生安全生产的监督，对于任何单位和个人违反职业卫生安全生产法律、法规的行为，有权检举和控告。开展职业卫生安全生产的宣传，进行舆论监督。

（3）督导二级单位落实职业卫生安全生产主体责任。

（4）审查二级单位劳动防护用品和作业环境、职业卫生管理规章制度的制定。

（5）组织安排开展职业卫生安全生产、安全知识竞赛和合理化建议活动。

（6）督促主管部门定期进行职工身体检查并建立健全健康档案。

（7）做好女工劳动保护工作，并定期进行监督检查。

（8）参与公司有关职业卫生安全方面的检查、评比、考核、表彰等工作。

（9）协助行政做好伤亡事故的善后处理工作。

三、副总经理（生产）职业卫生安全职责

（1）对分管部门或单位负职业卫生安全监管责任。

（2）贯彻落实国家及地方职业卫生安全生产方面的方针、政策、法律、法规，协助总经理搞好职业卫生安全工作，将职业卫生安全主体责任落实到二级单位。

（3）督促主管部门起草集团公司年度职业卫生安全生产工作目标、方针及工作计划、及年度职业卫生培训工作。

（4）负责审查集团公司职业卫生安全生产责任制度、职业卫生安全生产管理制度，监督检查二级单位落实与实施。

（5）负责公司中层以上领导干部职业卫生安全教育。

（6）组织生产、安全职能部门对二级单位职业卫生生产安全事故进行事故调查，并及时、如实上报。

（7）负责主持召开公司生产安全例会，研究公司生产、安全、职业卫生、消防等工作，协调和解决存在的问题。

（8）安排部署分管部门开展各项职业卫生安全检查，发现较大的职业卫生生产事故隐患，及时督导职业卫生安全主体责任单位限期整改。

（9）组织检查、监督二级公司职业卫生安全应急救援预案的制定和演练。

（10）开展多种形式的职业卫生安全生产竞赛活动。

（11）负责监督公司职业病防治管理工作。

四、副总经理(设备)职业卫生安全职责

（1）对分管部门或单位负职业卫生安全监管责任。

（2）贯彻落实国家及地方职业卫生安全生产方面的方针、政策、法律、法规，协助总经理搞好设备管理工作，将职业卫生安全主体责任落实到二级单位。

（3）负责审查有关设备管理的规章制度，监督检查二级单位的执行情况。

（4）安排布署分管部门开展各类设备管理的职业卫生安全检查，发现较大的设备事故隐患，及时督导职业卫生安全主体责任单位限期整改。

（5）负责主持召开公司生产设备专业会议，研究公司设备管理工作，协调和解决存在的问题。

五、副总经理(总工程师或技术负责人)职业卫生安全职责

（1）对分管部门或单位负职业卫生安全监管责任。

（2）监督二级公司及时修订、完善技术操作规程、工艺流程图等技术文件。

（3）积极采用职业卫生安全生产的新科技成果，提高职业卫生安全生产的科技保障水平。

（4）组织技术力量参与事故分析、技术鉴定。

（5）监督公司重大新建、扩建项目依法实行职业卫生安全设施“三同时”。

第三节　职能部门的职业健康责任

一、职业健康主管部门职责

（1）贯彻《职业病防治法》及上级有关劳动保护的政策、法律和指示。

（2）制定公司年度职业卫生安全生产工作目标、方针及工作计划。

（3）组织员工进行职业健康培训

（4）负责组织生产环境尘毒和物理因素的监测和分析。

（5）对新入厂职工进行就业前体检，对接触有毒有害因素的职工进行定期职业性体检和职业病普查工作，并进行登记、统计和报告。

（6）参与新、改、扩建项目的职业卫生防护设施的设计审查、竣工验收，提出卫生监督建议，协助做好新装置的职业卫生预评价。

（7）建立健全职业病危害事故应急救援预案。

（8）负责职业卫生和职业病防治检查监督工作。

（9）编制年度计划和总结，建立健全尘毒岗位有毒有害物质监测，职工身体健康档案。

（10）组织和编制防尘防毒技术措施，不断改善劳动条件。

二、生产、技术部门职业健康职责

（1）组织编制、审批生产、技术方案并保证其符合职业健康管理的要求。

（2）组织开展职业健康技术研究工作，积极推广采用先进技术和装备。

（3）参加重大事故的调查分析，吸取教训，完善施工生产中的职业健康技术措施。

（4）贯彻生产、技术管理规定，监督、检查施工工艺纪律执行情况，及时纠正存在的问题。

（5）组织并检查对职工的有关职业健康技术的培训和考核。

三、项目建设部门职业卫生安全职责

（1）监督项目建设单位建立职业卫生安全生产责任制。

（2）编制和完善新项目安全健康技术规程。

（3）监督项目建设单位依法落实职业卫生安全“三同时”工作。

四、经营部门职业卫生安全职责

（1）制定经营、销售人员的职业卫生安全管理制度和操作规程，体现“预防为主”的思想，组织实施并监督检查执行情况。

（2）监督主管部门物资原材料、设备、备件、配件等质量符合国家标准。

（3）把职业卫生安全管理纳入物资和经营管理中，各项物资、经营工作有明确的职业卫生安全指标，提交总经理批准后逐条落实。

五、财务部门职业卫生安全职责

（1）认真执行国家财政部关于企业安全技术措施经费提取使用的有关规定，并监督执行。

（2）审查劳动防护用品、保健和防暑降温经费支出及合理使用情况。

（3）组织召开公司经济活动分析会时分析安全投入情况，督促有关单位安全投入的执行。

第四节　劳动者的职业健康权利和义务

一、劳动者的职业健康义务

（1）遵守国家有关劳动安全卫生的法律、法规和规章。国家劳动安全卫生法律、法规和规章是做好劳动安全卫生工作的基本要求和保证。应该说，国家劳动安全卫生法律、法规和规章的每一个规定，都是用职工的生命和鲜血换来的总结，劳动者都有义务认真遵守。

(2) 劳动者在生产作业过程中，应当严格遵守本单位的劳动安全卫生规章制度和操作规程，服从劳动安全卫生管理。

(3) 劳动者在生产作业过程中，应当正确佩带和使用劳动防护用品，严禁在生产作业过程中放弃使用防护保护用品或者不正确佩戴或使用劳动防护用品。

(4) 劳动者应当自觉地接受用人单位有关劳动安全卫生的教育和培训，掌握所从事工作应当具备的劳动安全卫生知识和技能。

(5) 劳动者在生产作业过程中发现生产安全事故隐患或其他不安全因素时，应当立即向现场劳动安全卫生管理人员或者本单位的负责人报告。

二、劳动者的职业健康权利

劳动者的职业健康权利，是指劳动者在就业或者从事职业活动中为了保护自身健康不受职业病危害，有权作为或者不作为的行为，也包括要求他人作为或者不作为的行为。这种权利的行使是以国家强制力作保障的。劳动者职业健康权利主要包括：

(1) 接受教育培训的权利。劳动者在上岗前(包括更换工作或工作内容)或在岗期间有权要求用人单位对其进行职业卫生教育、培训。

(2) 接受职业健康监护权。从事接触职业病危害因素作业的劳动者有权按国家的有关规定获得职业健康检查，并获得真实健康检查结果。用人单位应当按照国务院卫生行政部门的规定组织上岗前、在岗期间和离岗时的职业健康检查和应急健康检查。对于遭受职业病危害的劳动者的职业病诊断、治疗、康复等职业病防治服务，用人单位应按国家的有关规定提供职业病待遇。

(3) 知情权。劳动者有权知道自己从事的工作场所及劳动过程的职业病危害因素、危害后果和应当采取的职业病防护措施，用人单位不得隐瞒或欺骗。

(4) 请求权。劳动者有权要求用人单位为其提供符合国家卫生标准的职业病防护设施和个人职业病防护用品，改善工作条件。

(5) 检举、控告权。劳动者对用人单位违反职业病防治法律、法规以及危害生命健康的行为有权提出批评、检举和控告，用人单位不得因此而进行打击报复。

(6) 拒绝作业权。这是一项有限制的权利。劳动者只有在用人单位及其管理人员的违章指挥和强令进行没有职业病防护措施的作业时，才有权拒绝。

(7) 民主监督管理权。职业卫生是涉及劳动者切身利益的一项工作，劳动者要以主人翁的态度参与用人单位职业卫生工作的民主管理，积极主动对职业病防治工作提出意见和建议，用人单位应当给予支持。

复习与思考

1. 企业如何承担职业安全健康的主体责任？
2. 企业职业健康主管部门应承担哪些职责？
3. 劳动者有哪些职业健康权利与义务？

第六章 职业安全健康管理制度

教学大纲：

1. 掌握职业安全健康管理各项制度主要内容。
2. 熟悉企业为什么要建立职业安全健康管理制度。

第一节 职业安全健康管理制度的要求

职业安全健康管理制度和操作规程是企业管理者和职工共同遵守的行为规范，是消除或降低职业病危害因素对职工健康影响的管理手段和技术保障措施，也是避免职业病危害事故的重要环节。在建立和健全职业安全健康管理制度的同时，企业还负有教育并引导职工遵守职业危害防治法律、法规、规章，正确使用、维护职业危害防护设备，及时报告发现的职业危害事故隐患等。

《作业场所职业健康监督管理暂行规定》第十一条规定了存在职业危害的生产经营单位应当建立、健全下列职业危害防治制度和操作规程：

（1）职业危害防治责任制度；

（2）职业危害告知制度；

（3）职业危害申报制度；

（4）职业健康宣传教育培训制度；

（5）职业危害防护设施维护检修制度；

（6）从业人员防护用品管理制度；

（7）职业危害日常监测管理制度；

（8）从业人员职业健康监护档案管理制度；

（9）岗位职业健康操作规程；

（10）法律、法规、规章规定的其他职业危害防治制度。

一、职业危害防治责任制度

企业法定代表人是本企业的安全生产"第一责任人"，必须依法履行职业健康安全"第一责任人"的责任，认真落实法定责任和义务，保护从业人员的职业安全健康权益。要建立健全职业危害防治责任制，将责任层层落实到单位的各级负责人员、各职能部门及各个岗位的工作人员；要通过明确单位职业安全健康管理机构和专（兼）职管理人员，建立、健全以责任制为核心的职业安全健康管理网络和管理制度。

二、职业危害告知制度

用人单位履行职业危害告知义务，是劳动者实现职业卫生知情权的前提条件，只有用人单位充分告知职业病危害，劳动者才有可能真正享有知情权。

职业危害告知的方式、内容在职业病防治法中都有规定，例如：用人单位在签订劳动合同时就必须履行告知所从事工作存在的职业病危害因素义务，以保证劳动者的职业病危害知情权，并且应当在合同上以书面形式如实告知劳动者，不得隐瞒或者欺骗；产生职业病危害的用人单位，应当在醒目位置设置公告栏，公布有关职业病防治的规章制度、操作规程、职业病危害事故应急救援措施和工作场所职业病危害因素检测结果；对产生严重职业病危害的作业岗位，应当在其醒目位置，设置警示标识和中文警示说明；企业应根据职业病防治法的要求来制定适宜自己企业的职业危害告知制度。

三、职业危害申报制度

职业危害申报是企业必须履行的法定义务，也是安全监管部门履行职业健康监管职责的重要内容。开展职业危害申报有助于引导企业掌握本企业的职业危害情况，做好防控工作，也有助于安全监管部门掌握辖区内职业危害的分布情况，有针对性地开展监管工作。企业应建立职业危害申报制度，并按照制度的要求科学、规范地开展申报工作。

四、职业健康宣传教育培训制度

企业要加大对从业人员职业安全健康的教育培训力度，要采取多种宣传教育形式在企业普及职业病防治法律法规和职业危害防护的知识，切实增强从业人员防治职业病的法制观念和自我保护的能力，使从业人员知法、守法、知防、会防，在企业营造良好的职业安全健康氛围。

五、职业危害防护设施维护检修制度

职业病防护设施是指以控制或者消除生产过程中产生的职业病危害因素为目的，采用通风净化系统或者采用吸除、阻隔等设施以阻止职业病危害因素对劳动者健康影响的装置和设备。为加强职业病防护设施、设备的管理工作，避免和减少职业卫生事故的发生，从而控制或者消除生产过程中产生的职业病危害因素，企业应当制定职业危害防护设施维护检修制度。

六、从业人员防护用品管理制度

劳动防护用品是预防职业危害的最后一道防线，企业必须在完善职业安全健康防护设施和技术措施的同时，为接触不同职业危害因素的员工配备符合防护要求的个人劳动防护用品，并监督、指导员工正确佩戴、使用。

七、职业危害日常监测管理制度

及时了解、掌握工作场所职业病危害因素的浓度或强度，早期发现职业病危害，及时采取防护措施，消除或减少职业病危害因素对劳动者健康的影响，是职业病二级预防中的关键环节。只有通过日常监测，企业才能及时了解、掌握工作场所职业病危害因素的浓度或强度。企业应当依据行政法规的要求，根据工作场所职业病危害因素的类别，确定日常监测点、监测项目、监测方法、监测频率(次)，建立监测系统，建立监测仪器设备使用管理制度和监测结果统计公布报告制度等，设立专人负责监测的实施和管理，对主要职业病危害因素进行动态观察，及时发现、处理职业病危害隐患。企业应当切实落实有关监测管理制度，确保监测系统时刻处于正常运行状态。

八、从业人员职业健康监护档案管理制度

职业安全健康档案是职业健康管理以及职业健康科学研究活动中形成的，能够准确、完整反映职业健康工作全过程的文件、记录等，用人单位应当建立健全职业健康档案管理制度，应有专人管理，按规定妥善保存。

第二节　职业安全健康管理制度编写要点

一、建设项目评价制度

明确建设项目评价制度的目的、依据。

明确建设项目范围。确定项目评价工作的负责部门、责任人。

明确涉及建设项目名称及可能产生职业病危害的工作场所，在生产过程中可能产生或存在的职业病危害因素(生产性粉尘、有毒化学物质、物理因素等)、危害程度、健康影响、防护措施。

明确建设项目在可行性论证阶段预评价的具体内容和时间安排要求。

明确在建设项目竣工验收前效果评价的时间进度安排和具体要求。

分段编写在设计、施工、投入生产和使用中的职业危害管理措施、防治与防护具体设备、设施及应急救援设施。

明确哪些评价报告、批复文件应进行报送备案。

明确报送备案的部门、时限。

二、职业病危害申报制度

明确职业病危害申报制度的目的、依据。

确定职业病危害申报工作的负责部门、责任人。

详细编写职业病危害申报的具体内容(如职业病危害的场所、人员、使用原材料、工艺流程、可能产生或存在的职业病危害因素等)。

明确申报的部门、时段、时间及备档有关要求。

三、职业危害因素检测与评价制度

明确职业危害因素检测与评价制度的目的、依据。

确定职业危害因素检测与评价工作的负责部门、责任人。

明确职业危害因素的检测人员、检测场所、检测周期、检测标准和依据、检测内容、检测设备、检测方法和检测要求、上报要求、备档要求。

明确对职业危害因素检测后的评价分析、评价结果、预防和整改和治理措施、上报内容及时限。

明确作业场所职业危害因素检测结果公布的地点及有关事宜。

四、职业危害日常监测管理制度

确定职业危害日常监测工作的负责部门、责任人。

明确职业危害日常监测场所。

明确职业危害日常监测的设备设施。

明确职业危害日常监测人员、监测标准和依据、监测方法及要求、检测记录的内容及整理、监测结果的公布地点及公布有关事宜。

五、职业危害防护设备设施管理制度

明确职业危害防护设备设施管理制度目的、依据。

确定职业危害防护设备设施管理工作的负责部门、责任人。

明确职业危害防护设备设施名称、所在场所及部位。

明确职业危害防护设备设施专职维护检修人员。

明确职业危害防护设备设施的性能、可能产生的职业危害、安全操作和维护检修注意事项。

明确职业危害防护设备设施的维护检修周期。

明确职业危害防护设备设施发生故障的临时措施和上报有关事项。

六、从业人员个人防护用品管理制度

明确职业危害个人防护用品管理制度目的、依据。

确定职业危害个人防护用品管理工作的负责部门、责任人。

按照职业危害场所、本岗及工序，明确职业危害个人防护用品的种类、规格、型号。

明确职业危害个人防护用品有效使用期限。

明确购买职业危害个人防护用品的单位。

明确职业危害个人防护用品购买后的验收标准、储存标准、发放标准、领用标准、使用标准和日常穿戴检查、处理标准。

七、职业健康宣传教育培训制度

明确职业健康教育培训制度目的、依据。

确定职业健康教育培训工作的负责部门、责任人。

明确职业健康教育培训内容。

明确职业健康教育培训人员范围、教育培训时间、全年教育培训累计时间。

明确职业健康教育培训不合格人员再培训要求。

确定职业健康教育培训档案的内容及保存备档期限。

八、职业健康体检制度

明确职业健康体检制度目的、依据。

确定职业健康体检工作的负责部门、责任人。

确定职业健康体检人员范围。确定职业健康体检时段(包括：上岗前、在岗期间和离岗时、发现不适症状时等)。

确定职业健康体检机构。

确定如发现职业病的处理方法及措施。

职业健康体检报告的保存备档期限。

九、职业危害事故报告制度

明确职业危害事故报告制度目的、依据。

确定职业危害事故报告工作的负责部门、责任人。

确定职业危害事故类别、危害程度。

确定职业危害事故报告程序、内容及时限。

确定职业危害事故应急处置方案。

十、粉尘作业防护管理制度

明确粉尘作业防护管理制度目的、依据。

明确粉尘作业防护管理工作的负责部门、责任人。

确定有粉尘作业的工作场所、工序、产生原因、防护措施。

明确粉尘作业的危害及程度。

明确粉尘作业的防护措施及管理办法。

十一、毒物作业防护管理制度

明确毒物作业防护管理制度目的、依据。

明确毒物作业防护管理工作的负责部门、责任人。

确定有毒物作业的工作场所、工序、产生原因、防护措施。

明确有毒物作业的危害及程度。

明确有毒物作业的防护措施及管理办法。

十二、噪声作业防护管理制度

明确噪声作业防护管理制度目的、依据。

明确噪声作业防护管理工作的负责部门、责任人。

确定噪声作业的工作场所、工序、产生原因、防护措施。

明确噪声作业的危害及程度。

明确噪声作业的防护措施及管理办法。

十三、职业危害告知制度

明确职业危害告知制度目的、依据。

明确职业危害告知工作的负责部门、责任人。

明确对从业人员职业危害告知的范围。

明确对从业人员职业危害告知的形式及要求。

明确职业危害如实告知的内容(包括工作过程中可能产生的职业危害及其后果、职业危害防护措施、待遇和上岗前、在岗期间和离岗时的职业健康检查结果等)。

十四、从业人员职业健康监护档案管理制度

明确从业人员职业健康监护档案管理制度目的、依据。

明确从业人员职业健康监护档案工作的负责部门、责任人。

明确从业人员职业健康监护档案的文件、资料及有关记录。

按照规定明确从业人员职业健康监护档案的妥善留档保存期限。

明确从业人员离开生产经营单位时，索取本人职业健康监护档案的有关规定。

第三节　职业安全健康管理制度的编写

企业在编制管理制度时，一定要根据自己企业的实际，要充分调研和收集资料、依据，才能够编写出既符合法律法规要求，又适合于企业的实际，能够便于管理和操作的管理制度。一般来说，需要收集的资料包括：职业安全健康相关法律、法规及其他要求；企业现行的操作惯例、规章、制度，包括规范和作业指导书等；企业各部门的职责分配等。

为帮助读者更好地理解职业安全健康管理制度的要求，以下选编了几个企业编制的职业安全健康管理制度案例，抛砖引玉，供读者学习和参考。这些制度编写得不一定是最好，企业必须结合实际，认真分析和学习相关要求，力求用最简练、清楚的文字，编写出最适于自己企业的职业安全健康管理制度。

一、职业病防护设施维护管理制度

（一）目的

为加强职业病防护设施、设备的管理工作，避免和减少职业卫生事故的发生，从而控制或者消除生产过程中产生的职业病危害因素，特制定本制度。

（二）范围

本制度适用于公司内部所有职业病防护设施、设备。

（三）职责

(1) 安全环保科负责企业防护设施维护管理工作监督管理指导和实施。

(2) 各部门负责各部门在用防护设施的维护管理。

（四）管理要求

(1) 职业病防护设施(以下称“防护设施”)定义：是指以控制或者消除生产过程中产生的职业病危害因素为目的，采用通风净化系统或者采用吸除、阻隔等设施以阻止职业病危害因素对劳动者健康影响的装置和设备。

(2) 用人单位应对存在职业病危害因素的作业场所设置、安装有效的防护设施，保障劳动者工作环境中存在的职业病危害因素含量符合国家的职业卫生标准和卫生要求。

(3) 公司管理部(采购)必须购置使用具有防护设施生产资质单位生产的防护设施。在购置防护设施产品时，应当注意索取：合格证、使用说明书、防护性能、适应对象、使用方法及注意事项；不得购置使用没有生产企业、没有产品名称、没有检测报告的防护设施产品。

(4) 安全环保科应对在用防护设施进行检查、维护和保养。车间安全员在班中巡查时注意对防护设施完好有效性进行查验，发现异常应立即检修。安全环保科应每月进行一次以上针对防护设施的专题检查，对防护设施的运行和防护效果进行验证。应明确防护设施的各级管理责任人。建立防护设施管理台账，做好使用、检查和日常维修保养记录。建立防护设施档案，收集整理防护设施的技术文件(设计方案、技术图纸、各种技术参数等)。

(5) 组织对劳动者进行使用防护设施操作规程、防护设施性能、使用要求等相关知识的培训，指导劳动者正确使用职业病防护设施。

(6) 未经申报批准不得擅自拆除或停用防护设施。如因检修需要拆除的，应当采取临时防护措施，并向作业人员配发防护用品，检修后及时恢复原状。并在职业病防治档案中做好记录。

（五）本公司职业病防护设施名录（略）

二、从业人员职业健康监护档案管理制度

（一）目的

为了更好地开展职业病防治工作、维护广大职业人群的身体健康，保证健康监护档案和职业病诊断档案资料的连续性和完整性，更好地为公司员工服务，按照《中华人民共和国职业病防治法》、《职业病诊断与鉴定管理办法》及《职业健康监护管理办法》的要求特制定从业人员职业健康档案管理制度。

（二）档案资料的归档范围

1. 健康监护档案

(1) 健康监护档案册。

(2) 职业健康体检结果报告。

(3) 健康体检综合分析报告。

(4) 职业健康体检复查人员名单及复查结果报告。

(5) 职业病观察对象和职业禁忌症处理意见书。

（6）从业人员职业健康监护档案包括劳动者的职业史、既往史和职业病危害接触史；相应作业场所职业病危害因素监测结果；职业健康检查结果及处理情况；职业病诊疗等有关个人健康资料。

2. 工业卫生档案

（1）国家有关职业病防治工作的法律、法规、规范、标准清单及有关文本。

（2）职业卫生管理方针、计划、目标、职业卫生管理制度。

（3）职业卫生专(兼)职管理组织、职能及人员分工。

（4）职业卫生管理方案、程序、作业指导书和其他内部文件。

（5）建设项目职业病危害管理档案(提供保存清单，注明保存地点)。包括建设项目计划任务书及批准文件等；建设项目初步设计书；工程改建、扩建及维修、使用中变更的图纸及有关材料；全套竣工图纸、验收报告、竣工总结；职业病危害预评价委托书与预评价报告；职业病危害控制效果评价委托书与效果评价报告；卫生行政部门审查意见书；卫生行政部门验收意见书。

（6）建设项目职业病危害因素申报资料。包括职业病危害因素(种类、存在岗位、来源、预防策略)清单。

（7）储存和使用的化学品清单，包括种类、数量、使用的部位、储存的部位、毒性资料、预防策略。

（8）工作场所职业病危害因素检测与评价资料，包括职业病危害因素检测与评价委托书，职业病危害因素检测记录与评价报告。

（9）用人单位职业病预防控制措施技术档案，包括工艺改革技术措施档案、职业病防护设施档案等。

（10）职业病防护用品档案，包括工种清单，应配备清单，实配备清单，使用情况等。

（11）职业卫生培训教育计划、培训内容、授课记录及考核成绩。

（12）职业病病人档案。

（13）各种监督文书。

（14）各种设备、化学品中文说明书。

（15）职业病事故应急救援预案及演练有关资料。

（16）各种汇总资料，包括职业卫生基本情况、生产工艺、有害因素分布；职业病危害因素检测结果汇总资料；职业健康监护汇总资料；职业病发病情况汇总资料；职业病人处理、安置情况汇总资料；培训情况汇总资料；因病缺勤情况汇总资料；职业病防护设施汇总资料；劳动者死亡资料；职业有害因素接触情况汇总表。

（三）职责

（1）集团公司职防所负责公司健康监护档案的管理。

（2）各公司安全技术处负责本公司工业卫生档案的管理。

（四）档案的管理

1. 档案的借阅

（1）劳动者或者其近亲属、劳动者委托代理人、相关的卫生监督检查人员有权查阅、复印劳动者的职业健康监护档案。各有关部门、单位到管理部查阅档案资料者，须持单位介绍信或征得管理部主管领导同意，并履行登记手续，对所查内容、利用目的作详细登记。

（2）管理部门为所需借、调资料的单位和个人提供复印材料。

(3) 档案原始材料原则上不外借，特殊情况需外借的，须经主管领导批准方可。

(4) 借阅档案材料必须履行登记、签字手续，一般情况下，外借期限不超过一周。

(5) 对借阅的档案资料，必须妥善保管，不得转借，不得在档案资料上标记、涂改或撕页、拆卷等。归还时档案人员要进行检查，保证档案完整无损。

2. 档案的保管

(1) 档案室切实做好七防，即防潮、防虫、防火、防盗、防尘、防鼠、防晒。

(2) 档案室严禁吸烟及存放易爆、易燃等易于导致火灾的危险品。

(3) 档案室要保持清洁卫生，档案资料摆放整齐，便于资料的管理和使用。

(4) 档案管理人员要熟悉业务，准确、及时地为使用者提供方便服务。

(5) 对所保管的档案资料，要经常查看，发现破损和字迹不清的，要及时进行修补、复制，发现重大问题要及时请示、报告。

(6) 档案室严禁无关人员随意进入。

三、职业健康培训制度

（一）目的

为规范公司职业安全健康培训教育工作，提高员工的职业健康安全素质，预防、控制和消除职业危害，保护劳动者的健康及相关权益，制定本规定。

（二）范围

本制度规定了各级领导和管理人员，公司员工、外来临时工、民工的职业卫生安全教育内容及要求。

（三）职责

(1) 职业健康培训教育的主管部门为集团公司安全技术处。

(2) 各公司安全技术处负责本公司职业健康培训管理。

（四）管理要求

(1) 集团公司内使用高毒物品作业的生产经营单位的负责人和职业安全健康管理人员应当接受省安全生产监督管理部门组织的作业场所职业卫生培训；其他生产经营单位的负责人和职业安全健康管理人员，应当接受设区的市安全生产监督管理部门组织的作业场所职业卫生培训。

(2) 集团公司内各生产经营单位应当制定作业场所职业卫生培训计划，建立健全作业人员职业卫生档案。对作业人员进行上岗前和在岗期间的职业安全健康培训每年至少组织一次，每次不得少于 8 小时，保证作业人员具备与本岗位相适应的职业安全健康知识和能力。未经培训或者培训不合格的人员，不得安排其从事接触职业危害因素作业。考试结果记入职工个人培训档案。

(3) 所有新入厂职工上岗前必须进行厂级、车间级、班组三级上岗职业卫生和职业病防治法规教育、岗位劳动保护知识教育及防护用具使用方法的培训，经考试合格后方可上岗操作。

(4) 车间、班组在日常的安全活动中应安排职业卫生知识的学习活动，每季度至少一次，并做好记录。

(5) 要做好检维修前的职业安全健康教育与培训，结合检维修过程中可能产生的职业病危害因素可能发生的急性中毒事故，重点掌握防护要点及事故状态下的应急措施。

(6) 生产岗位的管理人员和作业人员必须掌握并能正确使用、维护职业卫生设施和职业卫生防护用品，掌握生产现场中毒自救互救知识和基本技能，开展相应的应急演练活动。

（7）集团公司内各生产经营单位外来临时工、民工的安全培训内容必须加入职业安全健康教育内容。

（8）集团公司内各生产经营单位职业安全健康宣传、培训费用应列入单位年度资金计划，专款专用。

四、从业人员防护用品管理制度

（一）目的

为规范公司劳动保护用品的管理，本程序规定了劳动防护用品的采购、发放、保管和使用的工作内容及方法，以保证劳动防护用品质量满足要求，确保从业人员的身体健康。

（二）范围

本程序适用公司劳动防护用品管理。

（三）职责

（1）生产设备部是劳动防护用品的归口管理部门，负责组织制定和审批职工劳动防护用品配备标准，对劳动防护用品的采购、供应、保管、发放和使用进行监督检查。

（2）市场部负责劳动防护用品采购、供应的管理工作。

（3）综合部负责劳动防护用品入库保管、发放工作。

（4）工会负责监督职工个人劳动防护用品配备标准的管理规定的执行情况，并提出改进建议。

（5）各车间/部门参与劳动防护用品管理，按要求佩戴防护用品，

（四）工作内容和程序

1. 劳动防护用品的采购、供应

（1）市场部对劳动防护用品生产单位进行评价，建立合格供方名录，从具备资格的供方中组织采购。

（2）各车间部门将劳动防护用品(品种、型号、规格、数量等)需求计划报市场部，市场部对需求计划进行审核，(按配备标准)并编制采购计划，采购计划经主管领导审批后组织采购和供应。

（3）市场部根据车间反馈意见和合同的规定，对劳动防护用品存在质量或防护功能达不到要求等问题，与经营单位联系解决并做好备案。

2. 劳动防护用品的验收、保管、发放和使用

（1）劳动防护用品采购后，首先入库，由保管员验收，检查产品合格证、安全鉴定证等相关事项后确认是否合格，合格品入账。然后，按配备标准由车间领料单领出。

（2）各车间对供应的劳动防护用品使用过程中进行验证，结果反馈市场部。

（3）各车间部门按审批的配备标准和使用期限领用，保管员审查，对转岗、复岗的职工按其所在工种岗位标准进行调整。

（4）安全管理部门对未到使用期限或有特殊需求的情况进行核实审批。

（5）各车间，因采用新工艺、新技术、新材料等变化致使原标准不适用时，应及时将职工个人劳动防护用品配备标准意见报生产设备部审批。

（6）生产设备部对劳动防护用品采购、发放、保管、使用情况进行不定期检查，对检查中出现的问题按不符合处理。

（7）各车间对劳动防护用品保管、使用情况进行检查，对出现的质量或防护功能等问题，及时向有关部门汇报。

（8）所有员工必须按规定佩戴防护用品，如工作服、安全帽、防护眼镜、面具、防尘口罩等，否则按违纪处理。

复习与思考

1.《作业场所职业健康监督管理暂行规定》中规定的存在职业危害的生产经营单位应当建立、健全职业危害防治制度和操作规程是什么？

2. 年度的职业病防治计划与实施方案应包括哪些内容，根据你单位的具体情况做一个本年度你单位的职业病防治计划与实施方案。

3. 职业安全卫生设施是指什么？职业安全卫生"三同时"是指什么？

4. 编制职业安全健康措施计划主要依据几个方面？

5.《职业病防治法》第30条明确规定企业告知的主要内容是什么？

第七章　职业安全健康操作规程

教学大纲：

1. 了解职业安全健康操作规程的意义。
2. 了解如何编写职业安全健康操作规程。

第一节　职业安全健康操作规程的基本要求

职业安全健康操作规程是用人单位管理者和劳动者共同遵循的行为规范，是消除或降低职业病危害因素对劳动者健康造成影响的管理手段和技术保障措施，也是避免职业病危害事故的重要环节之一。用人单位应当建立、健全职业安全健康操作规程。职业安全健康操作规程作为工作规程的重要组成部分，是前人用众多鲜血和生命换来的安全健康的操作规范，是为了避免今后不再发生类似伤害事故而制定的。国家相关管理部门督促用人单位制定和完善职业安全卫生操作规程，而劳动者在职业活动中更要不折不扣地执行操作规程，千万不能嫌麻烦，求简单等，而忽视操作规程。事实上，许多职业病事故的发生，都与安全劳动者违章操作有关，劳动者遵守职业安全健康规程等于珍惜生命、保护健康。劳动者在职业活动中要互相提醒、共同遵守，不能认为职业安全健康规程只是保护个人的，可以不予遵守。如果一个人不遵守职业安全健康规程，就会逐渐影响到很多人都不去遵守。培训劳动者遵守职业安全健康规程是劳动者的法定义务。

《中华人民共和国安全生产法》和《中华人民共和国职业病防治法》都对企业建立健全职业安全健康操作规程提出了明确的要求。

《中华人民共和国安全生产法》第十七条规定：生产经营单位的主要负责人对本单位安全生产工作负有下列职责：

（1）建立、健全本单位安全生产责任制；

（2）组织制定本单位安全生产规章制度和操作规程；

（3）保证本单位安全生产投入的有效实施；

（4）督促、检查本单位的安全生产工作，及时消除生产安全事故隐患；

（5）组织制定并实施本单位的生产安全事故应急救援预案；

（6）及时、如实报告生产安全事故。

《中华人民共和国职业病防治法》第十九条规定：用人单位应当采取下列职业病防治管理措施：

（1）设置或者指定职业卫生管理机构或者组织，配备专职或者兼职的职业卫生专业人员，负责本单位的职业病防治工作；

（2）制定职业病防治计划和实施方案；

（3）建立、健全职业卫生管理制度和操作规程；

（4）建立、健全职业卫生档案和劳动者健康监护档案；

(5) 建立、健全工作场所职业病危害因素监测及评价制度；

(6) 建立、健全职业病危害事故应急救援预案。

职业安全健康操作规程可以独立编写，也可以与企业的安全操作规程、作业指导书整合在一起，但无论何种形式，都要包含对作业过程中的职业卫生要求及注意事项，在编写时，应首先搜集相关资料，以保证编写的完整、科学。一般来讲，在编写前至少应获取到以下几个方面的资料：

(1) 设备说明书　职业病防治法规定，单位购买的可能产生职业危害的设备要有中文说明书，在醒目位置设置有警示标识和中文警示说明。警示说明应载明设备性能、可能产生的职业危害、安全操作和维护注意事项、职业危害防护措施等内容。不少职业病危害因素与所使用的设备有密切关系或者直接是由设备产生的，为了使用人单位和劳动者掌握设备产生的职业病危害因素种类、危害程度、职业病防护措施及注意事项、应急救援措施等，法律规定向用人单位提供可能产生职业病危害的设备者，应当提供中文说明书，并在设备的醒目位置设置警示标识和中文警示说明。提供中文说明书和设置警示标识及中文警示说明的责任人是指生产、经营(进口)、转让、赠送等设备提供者。中文警示说明应当载明设备性能、可能产生的职业病危害因素、安全操作和维护注意事项、卫生防护以及应急救治措施等内容。

(2) 危险化学品安全技术说明书(MSDS)　化学材料产生的职业病危害因素是引起职业中毒的主要原因，其毒性、中毒机理是如何采取职业中毒预防、控制和抢救等措施的决定因素，掌握化学材料的毒性是控制职业中毒的关键所在。单位购买的可能产生职业危害的化学品等材料中，应有中文说明书，说明书应载明产品特性、主要成分、存在的有害因素、可能产生的危害后果、安全使用注意事项、职业危害防护和应急处置措施等内容。可能产生职业危害的化学品等材料的产品包装应有警示标识和中文警示说明。

(3) 行业的职业安全健康管理规程或行业规范　例如，冶金企业噪声与振动作业职业卫生管理规程、冶金企业粉尘作业职业卫生管理规程、冶金企业电离辐射作业职业卫生管理规程等。

(4) 相关企业的事故案例　同类型企业的事故案例，尤其是职业危害事故，应引以为戒，在编制操作规程时加以避免。

(5) 本企业健康监护的资料。

第二节　职业安全健康操作规程的编写要点

在职业健康操作规程中，首先要明确岗位及性质，其次明确各岗位存在职业危害场所的危害因素、产生原因、防护措施、应急处置措施、本岗位安全操作程序和维护注意事项等。在编写时可以按照下列要点，结合本岗位的实际情况进行编写：

(一) 范围

范围为必备要素，范围应明确操作规程的对象及涉及的各方面。可采用下列表述形式：

——规定了某装置；

——确立了某装置；

——给出了某装置的指南；

——界定了某装置的术语。

举例：本规程对某装置工艺原理、工艺流程、物料性质、常见的安全术语、有毒有害因素的分布等进行了说明。本规程适用于某车间的职业安全健康管理，同时可作为职工安全教育、培训、事故预案演练教材。

（二）规范性引用文件

注明编写职业安全操作规程过程中所引用的文件。

（三）术语和定义

包括安全健康方面的常用术语和定义。

（四）安全生产概况

包括生产工艺原理、生产流程介绍、生产特点等。原料、产品性质生产过程中使用的原料、中间产品、生产的产品性质(主要从安全健康方面叙述)、对人体的主要危害、防范措施等。要害部位分布及安全健康监控管理包括要害部位平面分布图、日常监控的主要内容、可能产生的危害、灾害发生时应急处理措施、管理要求等。

（五）职业健康防护设施操作（使用）方法介绍及管理要求

包括本单位所使用的职业健康防护设施的种类、数量、作用(用途)、操作说明及注意事项。如灭火器、空气呼吸器、过滤式防毒面具、可燃性气体报警器、稳高压消防水泵、FSC、UPS 等。

（六）联锁、自保系统管理

包括名称、型号、数量、安装部位、联锁条件、作用后果、管理上安全要求等。

（七）应急处理预案

包括水、电、汽、风、燃料气停运后对本单位的影响，超温、超压、炉管爆裂、火灾、爆炸、中毒等事故发生时的应急处理程序、日常重点演练的预案。

（八）职业卫生管理要求

本单位存在的有毒有害因素、存在部位、对人体产生的危害、大气中允许的最高浓度；尘毒、放射线源监测采样点分布点、检测频次等。

（九）环境保护管理

装置区存在的环境危害因素；环境监测点及分级控制指标；装置污染源分布图等。

第三节　职业安全健康规程案例

为帮助读者更好地编写本企业的职业安全健康操作规程，以下选编了几个行业的职业健康规程和一些企业编制的职业安全健康岗位操作规程的案例，供读者学习和参考。

一、职业安全健康行业规程

案例 1：冶金企业噪声与振动作业职业健康规程

（一）目的

为贯彻“预防为主，综合治理”的方针，加强噪声与振动作业职业卫生管理，防止和消除噪声与振动危害，改善作业环境保护职工身体健康，提高劳动生产率，结合冶金企业实际，制定本规程。

（二）适用范围

本规程适用于冶金工业有噪声与振动作业的管理。

（三）引用标准

GBJ 87 工业企业噪声控制设计规范

GBZ 2.2 工作场所有害因素接触限值第 2 部分：物理因素

GB 4869 职业性局部振动病诊断标准及处理原则

GB 11523 手传振动测量规范

GB 10434 作业场所局部振动卫生标准

（四）术语

1. 生产性噪声

在生产过程中产生的对职工健康和工作有妨碍的声音。

2. 等效连续 A 声级

按 1 个工作日(8 小时)，所暴露的不同噪声声压级和时间，换算成该时间内的实际加权平均所接受的噪声剂量[dB(A)]，称为等效连续 A 声级。

3. 中心等效连续 A 声级

用中心声压级来表示的等效连续 A 声级，即以 5dB(A)为一段，各段分别 80、85、90……dB(A)。80dB(A)表示 78~82dB(A)，以此类推。

4. 振动

物体在外力作用下以中心位置为基准呈往复振荡的机械运动。局部振动指职工在生产中使用手持振动工具或手接触受振工件，直接或间接传递到人体手臂系统的振动或冲击。

5. 噪声作业

职工在作业场所接触噪声的作业。

6. 振动作业

职工在作业场所接触振动的作业。

（五）作业管理

1. 一般规定

(1) 在新建、改建、扩建冶金企业时，应注意噪声的传播途径，充分利用地形、声源的指向性，合理分区，使低噪声与高噪声分开，在厂房与建筑物之间保持必要的防护间距，可设置隔声屏障，缩小噪声干扰范围。对扰民声源，应加以控制。

(2) 控制噪声与振动的根本措施是改革工艺和设备，应采用低噪声代替高噪声工艺，无冲击工艺代替有冲击工艺。

(3) 在满足生产工艺的情况下，注意设备的选型，选用发声小的材料制造机械元件，用材料内耗大的高分子材料或高阻尼合金代替内摩擦小的金属材料。

(4) 提高机械元件的加工精度和装配质量降低噪声。

(5) 正确选择运输管线内输送介质的流速，管道连接采用顺流走向，管道与强烈流动的设备应采用弹性连接。

(6) 新建、改建、扩建工程时，初步设计中的职业卫生专篇应有噪声控制设施；施工时控制设施必须与主体工程同时设计、同时施工、同时投产，工程竣工验收时，应进行验收。

2. 隔声与消声

（1）车间内独立的高噪声源，如破碎机、筒磨机、球磨机、振动筛、鼓风机、空压机等必须采取隔声、消声措施。

（2）采用隔声罩隔声时，应注意隔声罩板壁的吻合效应和低频共振，并在罩内侧金属板上涂敷阻尼材料。

（3）采取噪声控制措施后，其作业场所的噪声强度仍超过规定的卫生标准时，应采取个体防护；对职工并不经常停留的噪声作业场所，应根据不同要求建立作为控制、观察、休息的隔声室，室内必须有足够的吸声衬面，以减少混响声。

（4）各类空气动力性噪声，如罗茨鼓风机、压缩机、燃气轮机等进排气口，必须采取消声措施，选择合适的消声器。

（5）混响声较强的车间，应采取吸声措施，并根据噪声频谱特点，选择适当的吸声材料。

（6）按照《冶金企业噪声作业条件分级》，对Ⅱ级及其以上的噪声作业职工，应发给个人防护用品，如耳栓、耳罩等，并督促其佩戴。

3. 隔振与减振

（1）振动筛、破碎机、锻锤、压力机、空压机、制氧机等设备应采取隔振措施。

（2）将振功源与地基等的刚性连接改成弹性连接，以隔绝或减弱振动能量的传递，对发生振动的设备应根据其类型、振辐、振动频率、使用工况、环境等要求，选定相应的隔振形式与材料。

（3）选用隔振材料或元件时，其机械设备的干扰频率与隔振系统的固有频率之比应大于20.5。

（4）当振源的干扰频率比较低，或者因其他原因不能使干扰频率之比大于20.5，可采取增加阻尼措施，限制干扰力的放大。

4. 阻尼减振

（1）使用阻尼减振时，宜用内损耗、内摩擦大的材料，如沥青、软橡胶以及其他一些高分子涂料，阻尼层应对金属板具有良好的黏结性，不出现碎裂、脱层等现象。

（2）在实施阻尼措施时，应按振动大小、分布正确选用阻尼层和种类，并对振动面的腹点加重涂敷。

（3）阻尼减振时，应注意阻尼层的防燃、防油、防腐蚀、隔热保温等方面的要求。

5. 旋转偏心振动的控制

对旋转机械偏心引起的振动，采取调整质量平衡的方法消除时，应正确确定附加质量的位置和大小，以达到理想效果。

6. 管道隔振与降噪

（1）输送各种介质的管道，必须采取相应的隔振措施。把管道与设备之间的刚性连接改成弹性连接，管道外壁应敷阻尼层或其他隔声措施。

（2）管道降噪应选用低噪声阀门，尽量减少弯头，交叉和管径的突变，如有弯头，其曲率半径应大于管径的5倍。管径突变时，要有一定长度的较大光滑的过渡段。

7. 防振沟防振

应用防振沟防振时，其沟的深度应达到振动波波长的1/4，其振幅比（沟前/沟后）小于0.25为最佳。

8. 局部振动的防振

(1) 提高手持振动工具的振动频率，以提高工作效率，防止低频振动对职工健康的危害。

(2) 应注意改善手持振动工具职工的作业体位，防止强迫体位，宜杜绝手臂上举姿势的振动作业。

(3) 使用风动工具的手持振动作业，其风动工具排出的冷气或射流，应避免吹向作业职工的手部。

(4) 新购置的手持振动工具，其计权振动加速度应符合 5m/s 要求，达不到标准值时，可按振动大小缩短日接振动时间。

(5) 局部振动作业的工具手柄，应用软橡胶制作，作业职工必须使用防护手套、防寒手套等劳动保护用品。

(6) 使用质量超过 3kg 的手持振动工具时，应有固定悬挂或支撑装置达到减振。

（六）作业环境管理

1. 工业噪声检测

(1) 检测周期记录及计算方法应符合《工业企业噪声检测规范》。

(2) 检测周期应按《冶金企业噪声作业条件分级》的级别确定：0 级、Ⅰ级、Ⅱ级为每 2 年一次；Ⅲ级每年一次。

2. 局部振动检测

(1) 局部振动检测方法应按 GB 10434 及 GB 11523 规定执行。

(2) 检测周期：0 级、Ⅰ级每 2 年一次；Ⅱ、Ⅲ级每年一次。

3. 噪声与局部振动的检测

噪声与局部振动的检测应由企业的职业卫生部门进行，检测结果上报企业主管部门，同时向厂矿(车间)公布。

4. 噪声强度的控制

噪声作业场所的噪声强度超过卫生标准时，应采用隔声、消声措施，或按《工业企业噪声卫生标准》规定的时间，缩短每个工作班的接触噪声时间。噪声作业场所按《冶金企业噪声作业条件分级》进行分级，并对Ⅱ级(含Ⅱ级)以上的噪声作业场所，有计划地采取措施，Ⅰ级的作业场所，应尽快积极地采取措施，做到限期治理。

5. 噪声控制的治理

噪声控制的治理项目应纳入相应的计划，企业每年有 5%的噪声作业场所达到向危害程度轻的级别递升，并上报主管部门。

6. 维修

(1) 减振与噪声控制设施应与其生产的主体设备做到同时运转、同时维修，负责主体设备检修人员同时负责防护设施的检修。

(2) 没有新的防护措施之前，不得拆除原有防护装备。生产设备检修完毕必须及时使防护装备复位。

7. 噪声控制的管理制度

车间应建立与健全噪声控制的管理制度，其内容应包括减少非生产性噪声及防护设备的维修、管理、运转等。

8. 噪声控制的评价

(1) 以装置初步设计中职业卫生专篇中关于噪声与振动的控制措施的形式、性能、预期投产后的效果的说明为依据。

（2）投产后的噪声与振动评价，应以其控制设施的完好率、降噪减振率、同步运转率、作业场所噪声与振动的达标率、噪声与振动作业条件级别、职业病发病率等为依据。

（3）控制措施效果评价周期为3年一次。

（4）评价的执行单位是企业职业卫生监测部门。

（七）健康管理

1. 就业前健康检查

（1）凡从事噪声或局部振动作业的职工，上岗前必须接受就业前健康检查。

（2）具有下列疾病之一者，不得从事噪声作业：明显的听觉器官器质性疾病及遗传性听觉器官疾病；心血管系统疾病；神经系统器质性疾病；语言频率听力下降25dB以上。

（3）具有以下职业禁忌症的职工，不得从事局部振动作业：明显的中枢或周围神经系统疾病；血管性疾病，尤其是雷诺氏病；严重的心血管疾病；明显的内分泌功能失调；严重的听力减退。

2. 就业中定期健康检查

（1）凡从事噪声或局部振动作业的职工，必须接受就业中定期健康检查。被检职工接到体检通知后由企业的安全部门组织，按指定的时间进行检查。

（2）检查周期：从事噪声作业，其作业条件分级为0级、Ⅰ级者，每3年一次；Ⅱ级者每2年一次；Ⅲ级者每年一次；从事局部振动作业，其作业条件分级为0级者，每4年一次；Ⅰ级者每3年一次；Ⅱ级者每2年一次；Ⅲ级者每年一次。

（3）检查项目：从事噪声作业：一般内科，心血管系统及耳科、听力测定等；从事局部振动作业：一般内科及神经科检查，手部循环及神经功能。

（4）噪声聋及局部振动病的处理原则：诊断为0级、Ⅰ级噪声聋每2年进行一次复查。诊断为Ⅱ级、Ⅲ级噪声聋每年进行一次复查，根据需要给予积极治疗，配发助听器；Ⅳ级聋调离噪声作业岗位。诊断为局部振动病的病人按GB 4869中的劳动能力鉴定处理。

3. 特殊健康检查

有确定职业病待遇者、涉及职业病信访的、上级机关指令抽检或复检情况之一者，可进行特殊健康检查；特殊健康检查的项目，根据需要可临时协商处理。特殊健康检查的结论由主检部门会同具有职业病诊断权的单位处理，其特殊检查的健康档案纳入职工健康管理档案。

4. 健康档案

（1）从事噪声或局部振动作业职工，均应建立个人健康档案。

（2）健康档案收集的内容：历次健康检查结果及处理情况，逐次诊断及日期，职业病的治疗观察以及其他有关健康的资料。

5. 病人管理

（1）建立个人健康卡片。记录内容有职业史、历次体检结果、诊断及诊断日期、发病工龄和年龄、发病时的车间、工种及死亡日期和原因。

（2）检查对象超过300人时，应建立索引卡和逐次诊断登记本。

（3）从事噪声或局部振动作业职工工作变动时，需由原企业职业卫生部门将其健康档案或职业病的病案转给调入单位的职业卫生部门，调出、调入单位应将已确诊的职业病情况登记、统计和上报。

(4) 已确诊的噪声聋及局部振动病人，每年复查一次，根据病情变化，进行医疗康复指导。

(5) 职业病诊断证明书，每年更换一次，到期不复查者，停止其职业病待遇。

（八） 职业卫生教育

就业前职业卫生教育的内容是：职业卫生的有关法规常识；防止有害作业的对策；正确使用防护用品；本岗位有害作业的控制原理与防护措施。

就业中教育内容是：本岗位有害作业的种类、特征；正确的作业方法及注意事项；本岗位有害作业的控制原理与防护措施；违反职业卫生的实例。就业中教育周期为：0 级、Ⅰ级作业每年 4 小时，Ⅱ级、Ⅲ级作业每年 8 小时。

提高教育内容是：职业卫生法规；有害岗位的职业卫生及其预防对策；企业的职业卫生现状及发展规划。教育周期每年 1 次，每次不少于 6 小时。

二、职业安全健康岗位操作规程

案例 2：某企业接触射线作业岗位职业健康操作规程

（一） 目的

为保障职工的安全和职业健康，防治职业危害，依据《职业病防治法》、《安全生产法》、《作业场所职业健康监督管理暂行规定》等法律、行政法规和国务院有关职业健康监督检查职责调整的规定，特制订岗位职业健康操作规程。

（二） 适用范围

在安全生产中凡涉及职业危害的场所和工作地点必须严格执行本规程。

本规程适用于公司接触射线的 XX 车间、科室、班组。

（三） 术语和定义

1. 放射源

放射源是指用放射性物质制成的能产生辐射照射的物质或实体，放射源按其密封状况可分为密封源和非密封源。密封源是密封在包壳或紧密覆盖层里的放射性物质，工农业生产中应用的料位计、探伤机等使用的都是密封源，如钴 60、铯 137、铱 192 等。非密封源是指没有包壳的放射性物质，医院里使用的放射性示踪剂属于非密封源，如碘 131、碘 125、锝 99 等。

2. X 射线

X 射线是高速带电粒子撞击金属时，在金属原子核的作用下急剧减速而伴随发射的一种辐射。利用此原理制成的 X 射线管和加速器，就可以生产出射线照相检测用的 X 射线和高能 X 射线（能量在 1MeV 以上）。X 射线的强度与 X 射线管的管电压（kV）有关，管电压越大，X 射线的强度就越大，其穿透能力也就越强。加速器的情况亦如此。简而言之，X 射线的强度是可以控制的。

（四） 岗位职业健康操作规程

(1) 所有上岗工作前职工必须建立职工健康档案，厂综合办公室、车间领导确认未有岗位禁忌疾病者方能上岗工作。

(2) 所有进入工作现场人员，必须穿戴好劳动保护用品，穿戴好防护服，佩戴好 X 射线源的剂量笔。

(3) 上述带有职业危害的岗位，注意劳逸结合，工作 2h 到户外休息 15~20min。

(4) X 射线控制区边界上必须悬挂清晰可见的“禁止进入 X 射线区”警示标识；探伤作业人员应在边界外操作，否则必须采取防护措施。

（5）X 射线控制区在其边界上必须设警示标识，如信号灯、铃、警戒绳，并悬挂清晰可见的“无关人员禁止入内”警告牌，必要时设专人警戒。尚应注意控制在管理区边界附近不应有经常停留的公众成员。

（6）每半年 X 射线控制区人员必须进行一次个人剂量笔监测。

（7）工作完毕后，班组长将一天工作职业健康情况填入交接本上。

案例 3：某喷漆厂配漆岗位职业健康岗位操作规程

1. 操作及卫生工作

（1）工艺操作流程及要求：根据生产命令单的要求准备相应的容器和油漆，按配比要求完成配漆工作；

（2）完成每批的配漆工作后，必须搞好所在岗位的清洁工作；

（3）配漆开始时，必须打开排风扇以降低有机溶剂的挥发浓度，结束后关闭；

（4）配漆结束后不能将有机溶剂直接洒在地面上搞卫生清洁工作。

2. 职业防护措施

（1）工程机械防护：工作时必须打开通风设备，工作结束后关闭，通风设备必须完好，能正常使用。

（2）个人防护：在工作时必须戴好工作手套、防护眼镜和防毒面具，对个人防护用品，应该爱护使用并定期更换；

（3）奖罚规定：对于违反职业卫生操作规程的职工，生产管理人员有权纠正，并视情节轻重开具违章通知单，并予以罚款，以示教育；

（4）现场处理：一旦发生卫生事故，如：油漆溅入眼睛等，应该立即用清水冲洗 10～15min，再送至医院治疗。

案例 4：某喷漆厂喷漆岗位职业健康岗位操作规程

1. 操作及卫生工作

（1）工艺操作流程及要求：根据生产命令单上的要求将各种油漆用喷枪喷于产品上。

（2）完成每批喷漆工作后必须将原材料空桶和废抹布清理干净。

（3）喷漆开始时，必须先打开送排风装置，以降低溶剂的挥发浓度，结束后关闭送排风装置，油漆及甲苯容器必须上盖。

（4）喷漆结束后，在搞卫生清洁工作时，不能将有机溶剂直接洒在地面上。

2. 职业防护措施

（1）工程机械防护：送排风装置必须完好，能正常使用。

（2）个人防护：在加料时必须戴好工作手套、防护眼镜和防毒面具等个人防护用品，爱护使用并定期更换。

（3）奖罚规定：对于违反职业卫生操作规程的职工，生产管理人员有权纠正，并视情节轻重开具违章通知单，并予以罚款，以示教育。

（4）现场处理：一旦发生卫生事故，油漆溅入眼睛等，应该立即用清水冲洗 10～15min，再送至医院治疗。

复习与思考

1. 企业编写和执行职业安全健康操作规程的意义是什么？

2. 请结合自己岗位编写出本岗位的职业安全健康操作规程。

第八章　职业安全健康培训

教学大纲：

1. 了解相关法规对职业安全健康培训的要求。

2. 掌握职业安全健康培训管理的程序。

3. 了解各类人员职业安全健康培训的时间要求、内容和特点。

第一节　职业安全健康培训的法规要求

一、《中华人民共和国安全生产法》对职业安全健康培训的要求

1. 对从业人员的培训规定

《安全生产法》第二十一条规定：生产经营单位应当对从业人员进行安全生产教育和培训，保证从业人员具备必要的安全生产知识，熟悉有关的安全生产规章制度和安全操作规程，掌握本岗位的安全操作技能。未经安全生产教育和培训合格的从业人员，不得上岗作业。

2. 对新技术的培训规定

《安全生产法》第二十二条规定：生产经营单位采用新工艺、新技术、新材料或者使用新设备，必须了解、掌握其安全技术特性，采取有效的安全防护措施，并对从业人员进行专门的安全生产教育和培训。

3. 对特种作业人员的培训

《安全生产法》第二十三条规定：生产经营单位的特种作业人员必须按照国家有关规定经专门的安全作业培训，取得特种作业操作资格证书，方可上岗作业。

4. 对劳动保护培训的规定

《安全生产法》第三十七条规定：生产经营单位必须为从业人员提供符合国家标准或者行业标准的劳动防护用品，并监督、教育从业人员按照使用规则佩戴、使用。

5. 对培训经费的规定

《安全生产法》第三十九条规定：生产经营单位应当安排用于配备劳动防护用品、进行安全生产培训的经费。

6. 对员工义务的规定

《安全生产法》第五十条规定：从业人员应当接受安全生产教育和培训，掌握本职工作所需的安全生产知识，提高安全生产技能，增强事故预防和应急处理能力。

7. 对罚则的规定

《安全生产法》第八十二条规定：未按照第二十一条、第二十二条的规定对从业人员进行安全生产教育和培训，或者未按照本法第三十六条的规定如实告知从业人员有关的安全生产事项的，责令限期改正；逾期未改正的，责令停产停业整顿，可以并处两万元以下的罚款。

特种作业人员未按照规定经专门的安全作业培训并取得特种作业操作资格证书上岗作业的责令限期改正；逾期未改正的，责令停产停业整顿，可以并处两万元以下的罚款。

二、《中华人名共和国职业病防治法》关于职业安全健康培训的规定

1. 对职业病危害的公示要求

《职业病防治法》第二十二条规定：产生职业病危害的用人单位，应当在醒目位置设置公告栏，公布有关职业病防治的规章制度、操作规程、职业病危害事故应急救援措施和工作场所职业病危害因素检测结果。对产生严重职业病危害的作业岗位，应当在其醒目位置，设置警示标识和中文警示说明。警示说明应当载明产生职业病危害的种类、后果、预防以及应急救治措施等内容；第二十五条规定，向用人单位提供可能产生职业病危害的设备的，应当提供中文说明书，并在设备的醒目位置设置警示标识和中文警示说明。警示说明应当载明设备性能、可能产生的职业病危害、安全操作和维护注意事项、职业病防护以及应急救治措施等内容。

2. 对职业病危害物质的培训要求

《职业病防治法》第二十六条规定：向用人单位提供可能产生职业病危害的化学品、放射性同位素和含有放射性物质的材料的，应当提供中文说明书。说明书应当载明产品特性、主要成分、存在的有害因素、可能产生的危害后果、安全使用注意事项、职业病防护以及应急救治措施等内容。产品包装应当有醒目的警示标识和中文警示说明。贮存上述材料的场所应当在规定的部位设置危险物品标识或者放射性警示标识。

3. 对负责人和劳动者培训的要求

《职业病防治法》第三十一条规定：用人单位的负责人应当接受职业卫生培训，遵守职业病防治法律、法规，依法组织本单位的职业病防治工作。用人单位应当对劳动者进行上岗前的职业卫生培训和在岗期间的定期职业卫生培训，普及职业卫生知识，督促劳动者遵守职业病防治法律、法规、规章和操作规程，指导劳动者正确使用职业病防护设备和个人使用的职业病防护用品。劳动者应当学习和掌握相关的职业卫生知识，遵守职业病防治法律、法规、规章和操作规程，正确使用、维护职业病防护设备和个人使用的职业病防护用品，发现职业病危害事故隐患应当及时报告。劳动者不履行前款规定义务的，用人单位应当对其进行教育。

4. 对劳动者获得职业卫生培训权利的要求

《职业病防治法》第三十六条规定：劳动者享有获得职业卫生教育、培训的权利；享有了解工作场所产生或者可能产生的职业病危害因素、危害后果和应当采取的职业病防护措施的权利。

5. 对工会组织培训监督权利的要求

《职业病防治法》第三十七条规定：工会组织应当督促并协助用人单位开展职业卫生宣传教育和培训，对用人单位的职业病防治工作提出意见和建议，与用人单位就劳动者反映的有关职业病防治的问题进行协调并督促解决。工会组织对用人单位违反职业病防治法律、法规，侵犯劳动者合法权益的行为，有权要求纠正；产生严重职业病危害时，有权要求采取防护措施，或者向政府有关部门建议采取强制性措施；发生职业病危害事故时，有权参与事故调查处理；发现危及劳动者生命健康的情形时，有权向用人单位建议组织劳动者撤离危险现场，用人单位应当立即作出处理。

6. 对违反职业卫生培训的罚则

《职业病防治法》第六十三条规定：未按照规定组织劳动者进行职业卫生培训，或者未对劳动者个人职业病防护采取指导、督促措施的，由卫生行政部门给予警告，责令限期改正；逾期不改正的，处两万元以下的罚款。

三、《使用有毒物品作业场所劳动保护条例》关于职业安全健康培训的要求

1. 对工会组织培训监督的要求

《条例》第八条规定：工会组织应当督促并协助用人单位开展职业卫生宣传教育和培训，对用人单位的职业卫生工作提出意见和建议，与用人单位就劳动者反映的职业病防治问题进行协调并督促解决。

2. 对管理人员和劳动者培训的要求

《条例》第十九条规定：用人单位有关管理人员应当熟悉有关职业病防治的法律、法规以及确保劳动者安全使用有毒物品作业的知识。用人单位应当对劳动者进行上岗前的职业卫生培训和在岗期间的定期职业卫生培训，普及有关职业卫生知识，督促劳动者遵守有关法律、法规和操作规程，指导劳动者正确使用职业中毒危害防护设备和个人使用的职业中毒危害防护用品。劳动者经培训考核合格，方可上岗作业。

3. 对劳动者职业卫生培训权利的要求

《条例》第三十八条规定：劳动者享有获得职业卫生教育、培训的权利；了解工作场所产生或者可能产生的职业中毒危害因素、危害后果和应当采取的职业中毒危害防护措施。

4. 对劳动者职业卫生培训义务的要求

《条例》第四十六条规定：劳动者应当学习和掌握相关职业卫生知识，遵守有关劳动保护的法律、法规和操作规程，正确使用和维护职业中毒危害防护设施及其用品；发现职业中毒事故隐患时，应当及时报告。

5. 对违反职业卫生培训的罚则

《条例》第六十三条规定：使用未经培训考核合格的劳动者从事高毒作业的，由卫生行政部门给予警告，责令限期改正；逾期不改正的，处5万元以上30万元以下的罚款。

四、《生产经营单位安全培训规定》关于职业安全健康培训的要求

1. 主要负责人、安全健康管理人员培训内容

生产经营单位主要负责人安全培训应当包括下列内容：

(1) 国家安全生产方针、政策和有关安全生产的法律、法规、规章及标准；

(2) 安全生产管理基本知识、安全生产技术、安全生产专业知识；

(3) 重大危险源管理、重大事故防范、应急管理和救援组织以及事故调查处理的有关规定；

(4) 职业危害及其预防措施；

(5) 国内外先进的安全生产管理经验；

(6) 典型事故和应急救援案例分析；

(7)其他需要培训的内容。

生产经营单位安全生产管理人员安全培训应当包括下列内容：

(1) 国家安全生产方针、政策和有关安全生产的法律、法规、规章及标准；

(2) 安全生产管理、安全生产技术、职业卫生等知识；

(3) 伤亡事故统计、报告及职业危害的调查处理方法；

（4）应急管理、应急预案编制以及应急处置的内容和要求；

（5）国内外先进的安全生产管理经验；

（6）典型事故和应急救援案例分析；

（7）其他需要培训的内容。

生产经营单位主要负责人和安全生产管理人员初次安全培训时间不得少于32学时。每年再培训时间不得少于12学时。煤矿、非煤矿山、危险化学品、烟花爆竹等生产经营单位主要负责人和安全生产管理人员安全资格培训时间不得少于48学时；每年再培训时间不得少于16学时。

2. 三级安全教育的内容

厂（矿）级岗前安全培训内容应当包括：

（1）本单位安全生产情况及安全生产基本知识；

（2）本单位安全生产规章制度和劳动纪律；

（3）从业人员安全生产权利和义务；

（4）有关事故案例等。

煤矿、非煤矿山、危险化学品、烟花爆竹等生产经营单位厂（矿）级安全培训除包括上述内容外，应当增加事故应急救援、事故应急预案演练及防范措施等内容。

车间（工段、区、队）级岗前安全培训内容应当包括：

（1）工作环境及危险因素；

（2）所从事工种可能遭受的职业伤害和伤亡事故；

（3）所从事工种的安全职责、操作技能及强制性标准；

（4）自救互救、急救方法、疏散和现场紧急情况的处理；

（5）安全设备设施、个人防护用品的使用和维护；

（6）本车间（工段、区、队）安全生产状况及规章制度；

（7）预防事故和职业危害的措施及应注意的安全事项；

（8）有关事故案例；

（9）其他需要培训的内容。

班组级岗前安全培训内容应当包括：

（1）岗位安全操作规程；

（2）岗位之间工作衔接配合的安全与职业卫生事项；

（3）有关事故案例；

（4）其他需要培训的内容。

3. 转岗培训

从业人员在本生产经营单位内调整工作岗位或离岗一年以上重新上岗时，应当重新接受车间（工段、区、队）和班组级的安全培训。

生产经营单位实施新工艺、新技术或者使用新设备、新材料时，应当对有关从业人员重新进行有针对性的安全培训。

4. 特种作业人员的培训

生产经营单位的特种作业人员，必须按照国家有关法律、法规的规定接受专门的安全培训，经考核合格，取得特种作业操作资格证书后，方可上岗作业。

第二节　职业安全健康培训的管理

职业安全健康培训应按照培训需求的调查，制定符合企业实际情况的培训计划。按照计划实施培训，对培训效果实施评价，对不足之处进行完善的程序进行。通过培训，做到有的放矢，使员工的职业安全健康意识、技能得到提升，达到安全健康生产的目的。

一、培训需求的调查

制定年度培训计划前应进行培训需求的调查，目的是了解员工现状，使培训计划的制定更具针对性。培训需求的调查内容应包括培训内容、培训形式、培训时间等。具体内容可以参照下表。

部门年度培训需求调查表

需求部门		负责人签字	
培训课时		审批	
培训理由			
培训内容			
培训目标			
拟参加培训的人员			
备注			

二、培训计划的制定

年度培训计划的制定应依据培训需求的调查结果，并结合企业实际情况(资源、时间安排、经费、相关方的要求等)。培训计划主要包括培训课程、培训时间、地点、培训方式、参加人员、培训资料等。

案例：某公司2007年度职业安全健康培训计划

为加强公司安全管理，不断提高职工的安全意识和安全素质，深入贯彻公司“质量、环境、职业安全健康”方针，确保管理体系的高效运转，根据公司2007年度培训计划，制定安全生产培训计划。培训内容主要涉及新法规、新规程及规范、继续教育、特种作业等。

（一）培训内容

1. 法律法规的培训

为进一步加强全员法律意识，定期组织管理人员对新法规及现行法律法规进行培训。

2. 新规程及规范培训

为进一步贯彻执行建筑工程质量、新的安全规程、规范及各项管理规定，以便使各工程的施工按新规程、规范及各项管理规定进行。拟定对在岗的部分专业技术人员进行以新规程、规范为内容的培训。

3. 继续教育培训

根据公司发展的需要，对专业技术人员进行知识更新培训。

4. 新招大中专毕业生教育

本年度新招大中专毕业生，为了使他们对公司有一个全面的了解，能够尽快达到上岗要求，拟定对新分的学生进行以企业规章制度、安全知识为内容的入厂教育培训。

5. 特种作业人员培训

根据上级下发文件中“在特殊岗位作业人员必须持证上岗，并定期进行复检”的要求。组织在特种作业岗位工作已到复检期的员工到指定的培训点进行复检培训。复检培训时间根据培训点开课时间而定。

6. 特殊工种培训

根据程序文件中的要求，对本年度所有新开工程中的架子工、混凝土工、防水工、电气焊工及小型机械操作工进行特殊工种培训，培训安排根据各项目部新开工程而定，培训由工程部组织实施。

7. 应急知识培训

根据公司文件要求对全体职工进行应急知识培训，主要培训内容包括公司各级应急救援预案，应急器材的使用。

（二）实施措施

充分发挥各部室及项目部的作用。员工培训工作是一项综合性的工作，它涉及各部室、各项目部。充分发挥各部室及项目部的作用就可以保证员工培训工作按计划实施，可以对员工培训工作进行综合管理，可以使员工培训工作更紧密与公司生产实际需要相结合。

建立培训、考核与使用相结合的制度。凡上级行政机关要求持证上岗的岗位，未经培训合格不准上岗；对企业提供培训机会未按要求接受培训的员工按公司有关培训管理规定进行处罚。逐步形成人才考核、培养、使用相结合的管理模式。

不断完善和修订员工培训管理规定，加强对员工培训工作进行监控，保证各项培训工作按公司培训制度中的规定进行。

（三）要求

各部室、项目部的主管领导要重视员工培训工作，要指定专人负责此项工作的日常管理。并根据公司的员工培训计划制定出实施计划，对所在单位的员工培训工作开展情况进行监控。

外送员工参加培训，经主管领导或所属项目经理批准后，报公司工程部审批组织实施。对已经参加培训或培训结束后再办理审批手续的员工视为不符合培训管理规定。

三、培训的实施

培训实施过程应包括下发培训通知；确定培训老师及教材；组织参加培训人员及时参加并签到；确保培训效果等。培训签到表参见下表。

培训签到表

<table>
<tr><td>培训内容</td><td colspan="5"></td></tr>
<tr><td>培训时间</td><td colspan="5"></td></tr>
<tr><td>培训地点</td><td colspan="5"></td></tr>
<tr><td>培训教师</td><td colspan="5"></td></tr>
<tr><td colspan="6">参加人员</td></tr>
<tr><td>序号</td><td>部门</td><td>姓名</td><td>序号</td><td>部门</td><td>姓名</td></tr>
<tr><td>1</td><td></td><td></td><td>15</td><td></td><td></td></tr>
<tr><td>2</td><td></td><td></td><td>16</td><td></td><td></td></tr>
<tr><td>3</td><td></td><td></td><td>17</td><td></td><td></td></tr>
<tr><td>4</td><td></td><td></td><td>18</td><td></td><td></td></tr>
<tr><td>5</td><td></td><td></td><td>19</td><td></td><td></td></tr>
<tr><td>6</td><td></td><td></td><td>20</td><td></td><td></td></tr>
<tr><td>7</td><td></td><td></td><td>21</td><td></td><td></td></tr>
<tr><td>8</td><td></td><td></td><td>22</td><td></td><td></td></tr>
<tr><td>9</td><td></td><td></td><td>23</td><td></td><td></td></tr>
<tr><td>10</td><td></td><td></td><td>24</td><td></td><td></td></tr>
<tr><td>11</td><td></td><td></td><td>25</td><td></td><td></td></tr>
<tr><td>12</td><td></td><td></td><td>26</td><td></td><td></td></tr>
<tr><td>13</td><td></td><td></td><td>27</td><td></td><td></td></tr>
<tr><td>14</td><td></td><td></td><td>28</td><td></td><td></td></tr>
</table>

四、培训效果的评估

培训结束后应组织有关人员对培训效果实施评估，评估的方法可以是口试、笔试、下发调查问卷等。

复习与思考

1.《职业病防治法》规定劳动者应接受哪些职业卫生知识的培训？
2. 什么是三级安全教育？三级安全教育的重点内容分别是什么？
3. 请结合本企业实际，列出本企业的年度职业安全健康培训计划。

第九章　职业安全健康应急救援

教学大纲：

1. 了解现场急救以及处理的原则。
2. 了解化学事故应急救援的实施程序。
3. 掌握常用的应急救援方法：人工呼吸、止血、灼伤等。

第一节　现场急救以及处理原则

一、急救原则

无论在哪里，发现危重伤病人，“第一目击者”(指在现场为突发伤害，危重疾病的病人提供紧急救护的人)对伤病员的救护原则都必须十分明确清楚。

(1) 首先要保持镇定，沉着大胆，细心负责，理智科学地判断。

(2) 评估现场，确保自身与伤病员的安全。

(3) 分轻重缓急，先救命，后治伤，果断实施救护措施。

(4) 可能的情况下，尽量采取减轻病人的痛苦等措施。

(5) 充分利用可支配的人力、物力协助救护。

二、急救步骤

（一）判断意识

拍患者肩部并大声呼唤：“喂，你怎么了？哪里不舒服？”看患者有无反应，若无反应，判断患者意识丧失。婴儿不能哭泣，可判断其无意识。

（二）立即呼救

判断病人意识丧失，立即急救并求他人帮助，高声呼叫。如“救命呀”，“快来人啊”，和/或“请帮忙拨打120急救电话”等。

（三）救护体位

对于意识不清者，取仰卧位或侧卧位，并放在坚硬的平面上，便于复苏操作及评估复苏效果。

若伤病人没有意识但有呼吸和循环，为了防止呼吸道被舌后坠或粘液及呕吐物阻塞引起窒息，对伤病人应采用侧卧位，液体容易从口中引流。体位应稳定，并易于病人翻转其他体位；保持利于观察和通畅的气道；超过30min，翻转病人到另一侧。

注意不要随意移动病人，以免造成伤害。如不要用力拖拉病员，不要搬动和摇动已确定有头部或颈部外伤者等。有颈部外伤者在翻身时，为防止颈髓再次损伤，另一人应保持病人头颈部与身体同一轴线翻转，做好头颈部的固定。

头部外伤者，水平卧位，头部稍稍抬高，如面色发红，则取头高脚低位，面色青紫，取头低脚高位。

（四）打开气道

用最短的时间，先将病人衣领口、领带、围巾等解开，戴上手套迅速清除病人口鼻内的污泥，土块、痰、呕吐物等异物，以利于呼吸道通畅，再将气道打开。主要方法有：

(1) 仰头举颏法　抢救者站或跪于患者一侧，一手食、中指放在患者颏部骨性部分，向上提起，同时，另一手小鱼际肌放在患者前额，并向下压。这是畅通呼吸道，防止舌根后坠阻塞呼吸道的方法。

(2) 仰头抬颈法　无颈部外伤可用此法。抢救者站或跪于患者一侧，一手放在患者颈后部，向上提起，同时，另一手小鱼际肌放在患者前额，并向下压。

(3) 双下颌上提法　适用于怀疑颈椎外伤的病人。

(4) 手钩异物法。

（五）呼吸

1. 判断呼吸

检查呼吸，救护人将病人气道打开，利用眼视、耳听、皮肤感觉，在 5 秒钟时间内，判断病人有无呼吸。

侧头用耳听病人口鼻的呼吸声(一听)，用眼看胸部或上腹部随呼吸而上下起伏(二看)，用面颊感觉呼吸气流(三感觉)。如果胸廓没有起伏，并且没有气体呼出，病人即不存在呼吸，这一评估过程不超过 10 秒钟。

2. 人工呼吸

救护人经检查后，判断病人呼吸停止，应在现场立即给予口对口(口对鼻)、口对呼吸面罩等人工呼吸救护措施。

（六）循环

1. 检查循环体征

判断心跳(脉搏)应选大动脉测定或人及儿童触摸颈动脉，婴儿触摸肱动脉，在 5～10 秒钟内判断病人有无心跳(检查颈动脉不可用力压迫并且不可同时触摸双侧颈动脉)。

2. 人工循环

救护人判断病人已无脉搏搏动，或在危急中不能判明心跳是否停止，脉搏也摸不清，不要反复检查耽误时间，而要在现场进行胸外心脏挤压等人工循环及时救护。

（七）紧急止血

救护人员要注意检查病人有无严重出血的伤口，如有出血，要立即采取止血救护措施，避免因大出血造成休克死亡。

（八）局部检查

对于同一病人，第一步处理危及生命的全身症状，再注意处理局部。检查出血的部位和程度、骨折部位和程度、渗血、脏器脱出、皮肤感觉丧失等。

第二节　化学事故应急救援

一、化学事故应急救援的基本任务

化学事故应急救援是一项社会性减灾救灾工作，企业应建立和完善应急救援体系，加快应急救援基地和队伍建设。应急救援工作的基本任务是：

（1）控制危险源。及时控制造成事故的危险源，是应急救援工作的首要任务，只有及时控制住危险源，防止事故的继续扩展，才能及时、有效地进行救援。

（2）抢救受害人员。抢救受害人员是应急救援的重要任务。在应急救援行动中，及时、有序、有效地实施现场急救与安全转送伤员是降低伤亡率，减少事故损失的关键。

（3）指导群众防护，组织群众撤离。由于危险化学品事故发生突然，扩散迅速，涉及面广，危害大，应及时指导和组织群众采取各种措施进行自身防护，并向上风向迅速撤离出危险区或可能受到危害的区域。在撤离过程中应积极组织群众开展自救和互救工作。

（4）做好现场清消，消除危害后果。对事故外逸的有毒有害物质和可能对人和环境继续造成危害的物质，应及时组织人员予以清除，消除危害后果，防止对人的继续危害和对环境的污染。对发生的火灾，要及时组织力量洗消。

二、化学事故应急救援的准备

1. 风险分析

（1）确定危险目标。根据本单位生产、使用、贮存化学危险物品的品种、数量、危险特性及可能引起事故的后果，确定应急救援危险目标，按危险性的大小依次排为 1 号目标、2 号目标、3 号目标……。

（2）对每个已确定的危险目标要列出清单，逐一做出潜在危险性的评估，即一旦发生事故可能造成的后果，可能对周围环境带来的危害及范围。预测可能导致事故发生的途径，如误操作、设备失修、腐蚀、工艺失控、物料不纯、泄漏等，以便制定防范措施。对一些事故发生概率较低，但预期后果特别严重的重大风险应进行定量化风险评估。

（3）根据不同化学物质的理化特性和毒性以及储存量的大小，确定有可能影响的区域和人员，及时制定应急方案，确定人员疏散范围。

2. 应急设备设施

化学事故应急救援设备应包括气防装备、消防设备、洗消设备等，此外，还应针对不同的危险化学品配备相应的急救设备和药品，一般应配备急救箱、便携式氧气瓶、冲洗设施、雾化吸入器、救护车、担架等，针对不同危险化学品还应准备专门的急救药品，例如氨中毒导致的肺水肿应用二甲基硅油作为消泡剂效果较好。

3. 应急培训

人在紧急状况下的思维和反应往往比正常状况下要迟钝，这就需要强化在此方面的应急救援的培训工作，使大家熟悉应急救援的程序和步骤。

在组织应急培训工作时，针对不同的人员，培训的内容也应有所侧重。对领导干部应急培训的重点是增强应急管理意识，掌握相关应急预案，提高安全生产事故应急管理和应急处置能力。而对从业人员安全生产应急管理培训的重点是熟悉企业应急预案，熟练掌握本岗位事故防范措施和应急处置程序，增强安全生产和事故防范意识，提高事故隐患排查和应急处置、自救和互救的能力。此外还应该对社区和周边人员进行宣传，使周边群众更多地了解事故危害及如何避险和自救互救的能力。

4. 应急救援预案的编写与修订

应急救援预案是紧急情况下各级人员的行动指南，所以，应急预案一定要职责明确、分工合理、步骤得当。企业应结合本单位的实际情况，根据风险分析的结果编写，并对应急预案应进行充分的讨论，以使其成为应急行动的有效工具。

一般来讲，应急预案包括以下几方面的内容：厂区基本情况、周围环境、组织机构及其职责、主要危险目标及其风险评价、报警和通讯联络、应急设备与设施、应急计划区、应急状态分级、应急响应措施、关闭程序、信息发布、事故后的恢复程序、培训与演练、应急预案的维护、记录与报告等。

此外，还应当注意对应急救援预案的定期评审和修订，尤其在紧急状况发生后更应该及时组织对应急救援预案的评审，以确保其有较高的可操作性。

5. 应急救援的演练

应急演练是检验、评价和保持应急能力的一个重要手段。企业应定期组织应急演练，一方面可在事故真正发生前暴露预案和程序的缺陷，发现应急资源的不足；另一方面，改善各应急部门、机构、人员之间的协调，提高应急人员的熟练程度和技术水平，提高整体应急反应能力。

三、化学事故应急救援的实施

事故发生后，应及时采取响应和应对措施，能够最大限度地减少人员的伤亡和财产的损失，避免事故的扩大和蔓延。应急响应顺序是：

1. 启动应急报告和通告报警系统

事故发生后，立即启动应急通告和报警系统，及时报告应急指挥部成员和有关上级部门，应急指挥部成员在第一时间内赶到事故现场，组织事故的应急救援工作。如发生泄漏等事故，要立即启动事故警笛、事故广播系统，通知有关人员疏散、撤离。

2. 启动应急救援中心，现场指挥与控制

现场应急救援中心负责现场应急救援的指挥，现场应急救援中心成立前，事发单位和先期到达的应急救援队伍必须迅速、有效地实施先期处置，全力控制事故灾难发展态势，防止次生、衍生和耦合事故(事件)发生，果断控制或切断事故灾害链。

3. 提供应急医疗援助

事故发生后，要及时联系有关医疗机构，高效率地采取应急医疗援助，开通绿色应急通道，在最短的时间内给予救治，减少人员的伤亡。

现场急救应注意以下事项：

(1) 选择有利地形设置急救点；

(2) 作好自身及伤病员的个体防护；

(3) 防止发生继发性损害；

(4) 应至少 2~3 人为一组集体行动，以便相互照应；

(5) 所用的救援器材需具备防爆功能。

当现场有人受到化学品伤害时，应立即进行以下处理：迅速将患者脱离现场至空气新鲜处。呼吸困难时给氧；呼吸停止时立即进行人工呼吸；心脏骤停，立即进行心脏按压。皮肤污染时，脱去污染的衣服，用流动清水冲洗，冲洗要及时、彻底、反复多次；头面部灼伤时，要注意眼、耳、鼻、口腔的清洗。

当人员发生冻伤时，应迅速复温。复温的方法是采用 40~42℃ 恒温热水浸泡，使其温度提高至接近正常；在对冻伤的部位进行轻柔按摩时，应注意不要将伤处的皮肤擦破，以防感染。

当人员发生烧伤时，应迅速将患者衣服脱去，用流动清水冲洗降温，用清洁布覆盖创伤面，避免伤面污染；不要任意把水疱弄破。患者口渴时，可适量饮水或含盐饮料。

经现场处理后，应迅速护送至医院救治。

4. 搜寻和营救

为了便于对人员的搜寻和营救，应根据风向的变化，确定紧急疏散集结点，以便在紧急情况下组织人员向合适的地点疏散集结，保证人员的生命安全。

事故发生后，员工应按照应急救援预案规定的应急集结地点迅速集合，清点人数，及时发现遇险和失踪的人员，尽快展开搜寻和营救。搜寻和营救的过程中要注意做好救护人员的防护，避免带来新的伤害。

5. 对公众进行应急事务说明

事故发生后，应及时对公众进行应急事务的说明，包括事故规模、伤亡情况、对周边环境的影响等，避免引发社会问题。

6. 清理危险源，现场洗消

在清理废墟的过程中一定要注意现场的潜在危险，例如余烬复燃，受损建筑倒塌，残余有毒有害物料泄漏等情况，在清理废墟前应做风险分析，根据风险分析的结果制定具体的工作方案，避免盲目作业，对有可能出现的有毒有害物料泄漏等紧急情况要做出详细的应急撤离和处置的方案。

化学事故的应急救援涉及到预防、预备、响应和恢复等很多个环节，每一个环节的疏漏都有可能导致灾难事件的发生和扩展，所以，既要事先做好有计划的准备和预防，又要积极做好应急响应和恢复，才能控制事故的规模，减少事故的损失。

第三节　常用的急救方法

一、心肺复苏法

人的呼吸停止后4~6min，脑组织就可能发生不易逆转的损伤；心跳停止10min后，脑细胞基本死亡。所以必须争分夺秒，采用心肺复苏法进行现场急救。实施心肺复苏可以采用人工呼吸法和胸外心脏挤压法。

1. 人工呼吸的操作方法

当呼吸停止、心脏仍然跳动或刚停止跳动时，用人工的方法使空气进出肺部，供给人体组织所需要的氧气，称为人工呼吸法。采用人工的方法来代替肺的呼吸活动，可及时而有效地使气体有节律地进入和排出肺脏，维持通气功能，促使呼吸中枢尽早恢复功能，使处于“假死”状态的伤员尽快脱离缺氧状态，恢复人体自动呼吸。因此，人工呼吸是复苏伤员的一种重要的急救措施。人工呼吸法主要有两种：

（1）口对口人工呼吸法　让伤员仰面平躺，把头侧向一边，使嘴张开，清除口腔中的假牙、泥土、血块、呕吐物等异物，拉出舌头，使呼吸道畅通。解开衣领，松裤带，松开紧身衣服。用一只手紧捏病人的鼻子(避免漏气)，并将手掌外缘压在其额部，另一只手托在伤员颈后，将头部充分后仰，鼻孔朝天。抢救者深吸一口气，然后贴紧伤员的嘴，用力将气吹入，同时观察伤员胸部是否扩张隆起，以确定吹气是否有效和适度。吹气完毕后，迅速移开紧贴的嘴，放松捏鼻子的手，让伤员的胸廓自行弹回，呼出空气。此时，应注意伤员胸部复原情况。倾听呼吸声，观察有无呼吸梗阻。如此反复进行，每分钟吹气16~18次。直到伤员自主呼吸正常。

（2）口对鼻吹气法　如果伤员牙关紧闭不能撬开或口腔严重受伤时，可采用口对鼻吹气法，用一只手闭住伤员的嘴，抢救者深吸一口气，然后贴紧伤员的鼻孔，用力将气从鼻孔吹入，其他步骤与口对口人工呼吸法相同。

2. 胸外心脏挤压法

如果摸不到伤员的脉搏，说明心跳已经停止，须立即进行胸外心脏挤压，使伤员恢复心跳。具体方法为：使伤员仰卧于硬板上或地上，以保证挤压效果。抢救者跪跨在伤员的腰侧，以一手掌根部按于病人胸骨下 1/2 处，中指指尖对准其颈部凹陷的下缘；另一手压在该手背上，肘关节伸直。依靠体重和臂肩部肌肉的力量，垂直用力，向脊柱方向压迫胸骨下段，使胸骨下段与其相连的肋骨下陷 3~4cm，间接压迫心脏使心脏内血液搏出。挤压后突然放松，依靠胸骨的弹性，使胸骨复位。此时心脏舒张，大静脉的血液回流到心脏。按照上述步骤，连续操作，每分钟按压 60~80 次。在挤压的同时，要随时观察伤员的情况。如果能摸到颈动脉和股动脉等搏动，而且瞳孔逐渐缩小，面有红润，说明心脏挤压已有效，即可停止。

3. 进行心肺复苏需注意的问题

(1) 实施人工呼吸时，要解开伤员领口、领带、腰带及紧身衣服，必要时可用剪刀剪开，不可强撕强扯。清除伤员口腔内的异物，如粘液、血块等；如果舌头后缩，应将舌头拉出口外，以防堵塞喉咙，妨碍呼吸。

(2) 口对口吹气的压力要掌握好，开始可略大些，频率也可稍快些，经过 10~20 次人工吹气后逐渐降低压力，只要维持胸部轻度升起即可。

(3) 进行胸外心脏挤压抢救时，抢救者掌根的定位必须准确，用力要垂直适当，要有节奏地反复进行。防止因用力过猛而造成继发性组织器官的损伤或肋骨骨折。

(4) 挤压频率要控制好，有时为了提高效果，可加大频率，达到每分钟 100 次左右。抢救工作要持续进行，除非断定伤员已复苏，否则在伤员没有送达医院之前，抢救不能停止。

一般来说，心脏跳动和呼吸过程是相互联系的，心脏跳动停止了，呼吸也将停止；呼吸停止了，心脏跳动也持续不了多久。因此，通常在做胸外心脏挤压的同时，进行口对口人工呼吸，以保证氧气的供给。一般每吹气一次，挤压胸骨 3~4 次；如果现场仅一人抢救，两种方法应交替进行；每吹气 2~3 次，就挤压 10~15 次，也可将频率适当提高一些，以保证抢救效果。

二、止血法

一般来说，一个人的全身血量在 4500mL 左右，出血量少时一般不影响伤员的血压、脉搏变化；出血量中等时，伤员就有乏力、头昏、胸闷、心悸等不适，有轻度的脉搏加快和血压轻度的降低；若出血量超过 1000mL，血压就会明显降低，肌肉抽搐，甚至神志不清，成休克状态，若不迅速采取止血措施，就会有生命危险。

常用的止血方法有：

1. 压迫止血法

这是一种最常用、最有效的止血方法，适用于头、颈、四肢动脉大血管出血的临时止血。当一个人负伤流血以后，只要立刻用手指或手掌用力压紧伤口附近靠近心脏一端的动脉跳动处，并把血管压紧在骨头上，就能很快起到临时止血的效果。

若头部前面出血时，可在耳前对着下颌关节点压迫颞动脉。

头部后面出血时，应压迫枕动脉止血，压迫点在耳后乳突附近的搏动处。

颈部动脉出血时，要压迫颈总动脉，此时可用手指按在一侧颈根部，向中间的颈椎横突压迫，但绝对禁止同时压迫两侧的颈动脉，以免引起大脑缺氧而昏迷。

上臂动脉出血时，压迫锁骨上方，胸锁乳突肌外缘，用手指向后方第一肋骨压迫。

前臂动脉出血时，压迫肱动脉，用4个手指掐住上臂肌肉并压向臂骨。

大腿动脉出血时，压迫股动脉，压迫点在腹股沟皱纹中点搏动处，用手掌向下方的股骨面压迫。

2. 止血带止血法

这种止血方法适用于四肢大出血。用止血带绕肢体绑扎打结固定。上肢受伤可扎在上臂部1/3处；下肢受伤可扎在大腿的中部。若现场没有止血带，也可以用纱布、毛巾、布带等环绕肢体打结，在结内穿一根短棍，转动此棍使带绞紧，直到不流血为止。在绑扎和绞止血带时，不要过紧或过松。过紧造成皮肤或神经损伤，过松则起不到止血的作用。

3. 加压包扎止血法

这种止血方法适用于小血管和毛细血管的止血。先用消毒纱巾或干净毛巾敷在伤口上，再垫上棉花，然后用绷带紧紧包扎，以达到止血的目的。若伤肢有骨折，还要另加夹板固定。

4. 加垫屈肢止血法

这种止血方法多用于小臂和小腿的止血。它利用肘关节或膝关节的弯曲功能，压迫血管达到止血目的。在肘关节或膝关节的窝内放入棉垫或布垫，然后使关节弯曲到最大限度，再用绷带把前臂与上臂(或大腿与小腿)固定。

三、烧烫伤的救护

烧伤是指各种热力、化学物质、电流及放射线等作用于人体后造成的特殊损伤。

1. 热烧伤的急救

火焰、开水、蒸汽、热液体或固体直接接触与人体引起的烧伤，都属于热烧伤。其烧伤程度取决于作用物体的温度和作用持续的时间。热烧伤的救护方法如下：轻度烧伤尤其是不严重的肢体烧伤，应立即用清水冲洗或将患肢浸泡在冷水中10~20min，如不方便浸泡，可用湿毛巾或布单盖住患部，然后浇冷水，以让伤口尽快冷却降温，减轻热力引起的损伤。穿着衣服的部位烧伤严重，不要先脱衣服，否则易使烧伤处的水泡皮一同撕脱，造成伤口创面暴露，增加感染机会，而应立即朝衣服上面浇冷水，等衣服局部温度快速下降后，再轻轻脱去衣服或用剪刀剪开脱去衣服。若烧伤处已有水泡形成，小的水泡不要随便弄破，大的水泡应到医院处理或用消毒过的针刺一小孔排出泡内液体，以免影响创面修复，增加感染机会。烧伤创面一般不作特殊处理，不要在创面上涂抹任何有刺激性的液体或不清洁的粉或油剂，只需保持创面及周围清洁。较大面积烧伤用清水冲洗清洁后，最好用干净纱布或布单覆盖创面，并尽快送往医院治疗。火灾引起烧伤时，伤员身上燃烧着的衣服如果一时难以脱下来，可让伤员卧倒在地滚压灭火，或用水浇灭火焰。切勿带火奔跑或用手拍打，否则可能使得火借风势越烧越旺，使手被烧伤。也不可在火场大声呼喊，以免导致呼吸道烧伤。要用湿毛巾捂住口鼻，以防烟雾吸入导致窒息或中毒。重要部位烧伤后，抢救时要特别注意。如头面部烧伤后，常极度肿胀，且容易引起继发性感染，导致形态改变、畸形和功能障碍。呼吸道烧伤，如吸入热气流会导致呼吸道黏膜充血水肿，严重者甚至出现黏膜坏死、脱落，导致气道阻塞；吸入火焰烟雾或化学蒸气烟雾，会使支气管痉挛，肺充血水肿，降低通气功能而造成呼吸窘迫。由于呼吸道烧伤属于内脏烧伤，容易被漏诊因而延误抢救，以致造成早期死亡。因此要密切观察伤员有无进展性呼吸困难，并及时护送到到医院做进一步诊断治疗。

2. 化学烧伤的救护

化学物质对人体组织有热力、腐蚀致伤作用，一般称为化学烧伤。其烧伤的程度取决于化学物质的种类、浓度和作用持续的时间。常见的化学烧伤有碱烧伤和酸烧伤。常见的化学烧伤救护方法如下：

（1）生石灰烧伤　被生石灰烧伤后，要迅速清除石灰颗粒，用大量流动的洁净冷水冲洗，至少10min以上，尤其是眼内烧伤，更应彻底冲洗。切忌将受伤部位用水浸泡，防止生石灰遇水产生大量热量而加重烧伤。

（2）磷烧伤　被磷烧伤后，要迅速清除磷颗粒，然后用大量流动的洁净冷水冲洗，至少10min以上；然后用5%碳酸氢钠或食用苏打水湿敷创面，使创面与空气隔绝，防止磷在空气中氧化燃烧而加重烧伤。

（3）强酸烧伤　强酸包括硫酸、盐酸、硝酸。出现皮肤烧伤情况后，应立即用大量清水冲洗至少10min。如果衣服被污染，应立即脱掉或将污染的部位撕掉，同时用大量水冲洗。还可用4%碳酸氢钠或2%苏打水冲洗中和。若眼睛被烧伤，首先采取简易的冲洗方法，即用手将被烧伤的眼睛撑开，把面部浸入清水中，将头轻轻摇动。冲洗时间不低于20min。切忌用手或手帕揉擦眼睛，以免增加创伤。吸入性烧伤可出现咳血性泡沫痰、胸闷、流泪、呼吸困难、肺水肿等症状。此时要注意保持呼吸道畅通，可用2%～4%碳酸氢钠雾化吸入。消化道烧伤后出现上腹部剧痛、呕吐大量褐色物及食道、胃粘膜碎片。此时可口服牛奶、蛋清、豆浆、食用植物油任一种，每次200mL，保护消化道黏膜。严禁催吐或洗胃，也不得口服碳酸氢钠，以免因产生大量的二氧化碳而导致胃穿孔。

（4）强碱烧伤　强碱包括氢氧化钠、氢氧化钾、氧化钾等。皮肤烧伤需用大量清水彻底冲洗创面，直到皂样物质消失为止；也可用食醋或2%的醋酸冲洗中和或湿敷。眼部烧伤至少用清水冲洗20min以上。严禁用酸性物质冲洗眼内，可在清水冲洗后点眼药水。误服强碱后，立即口服食醋、柠檬汁以起到中和作用，也可口服牛奶、蛋清、豆浆、食用植物油任一种，每次200mL，保护消化道黏膜。严禁催吐或洗胃。需要注意的是，严重烧伤早期应及时给伤员补充体液，防止休克。最好口服烧伤饮料、含盐饮料，少量多次饮用。不要单纯喝白开水、糖水，更不可一次饮水过多。

3. 电烧伤的救护

电烧伤是电能转化成热能造成的烧伤。由于电能的特殊作用，电烧伤所造成的软组织损伤是不规则的立体烧伤，烧伤口小、基底大而深，不能单纯用烧伤部位的面积来衡量烧伤的程度，而应该同时注意其深度及全身情况。电烧伤有两种情况：一种是接触性电烧伤，又称电灼伤，是人体与带电体直接接触，电流通过人体时产生的热效应的结果。在人体与带电体的接触处，接触面积一般较小，电流密度可达很大数值，又因皮肤电阻较体内组织电阻大许多倍，故在接触处产生很大的热量，致使皮肤灼伤；另一种是电弧烧伤，电气设备的电压较高时产生的强烈电弧或电火花，瞬间所产生的温度高达2500～3000℃，可烧伤人体，甚至击穿人体的某一部位，而使电弧电流直接通过内部组织或器官，造成深部组织坏死。电烧伤后体表一般有一个入口和相应的出口，且入口比出口损伤重。电弧烧伤一般不会引起心脏纤维性颤动，更为常见的是人体由于呼吸麻痹而死亡，故抢救时应先进行呼吸的复苏；有神智障碍者，头部可用冰帽或冰袋。

4. 化学性眼灼伤的现场处理

处理原则为迅速脱离接触致病物。

（1）冲洗　眼部化学灼伤后，必须争取时间，就近取得清水或生理盐水，分开眼睑充分冲洗结膜囊，至少持续 10min。注意冲洗液自流压力不要过大，冲洗要及时、有效。如不合并颜面严重污染或灼伤，亦可采取浸洗，即将眼浸入水盆中，用手将眼皮掰开，频频瞬目，让眼球来回活动，注意彻底冲洗的效果。

（2）中和溶液的应用　酸性物质灼伤可用 2%～3%碳酸氢钠；碱性则以 2%～3%硼酸，0.5%～1%乙酸、1%乳酸、2%枸橼酸或 3%氯化铵等弱酸性溶液中和；或结膜下缓冲液注射。理论上这些为理想方法，但实际应用却成效甚少，一般不作为主要措施，仍以清洁水即时、彻底冲洗为主。

（3）去除残留化学物　在急救时，应立即去除残留化学物，尤其要仔细检查结膜穹窿部。石灰伤留下的石灰小粒，可用粘有眼膏的棉鉴粘取之，待裸眼观无异物时，用 0.37% EDTA-2Na 溶液冲洗或滴眼。磷灼伤时先用 0.5%硫酸铜溶液洗眼后，再拭除黑色的磷化铜颗粒。

复习与思考

1. 应急救援的原则有哪些？
2. 化学事故应急救援的响应程序包括哪些步骤？
3. 如何实施人工呼吸？

第十章 职业卫生安全许可

教学大纲：

1. 了解我国职业卫生安全许可证颁发管理工作的原则。

2. 掌握职业卫生安全许可的条件。

3. 掌握如何申请职业卫生安全许可证。

4. 掌握哪些情况下职业卫生安全许可证需要进行变更。

5. 掌握企业违反《使用有毒物品作业场所职业卫生安全许可证实施办法(草案)》将受到何种处罚。

第一节 概 述

为规范使用有毒物品作业场所的职业卫生安全条件，进一步加强作业场所职业卫生安全监督管理，预防、控制和消除职业中毒危害，根据《使用有毒物品作业场所劳动保护条例》，国家安全生产监督管理局于2009年组织制定了《使用有毒物品作业场所职业卫生安全许可证实施办法(草案)》。

实施办法要求，存在使用有毒物品作业场所的生产经营单位必须依照《使用有毒物品作业场所职业卫生安全许可证实施办法(草案)》的规定取得职业卫生安全许可证；未取得职业卫生安全许可证的，不得从事使用有毒物品的作业。这里提到的有毒物品，是指可能导致作业人员职业中毒的有毒物品。有毒物品分一般有毒物品和高毒物品，一般有毒物品和高毒物品目录由国家安全生产监督管理总局依据有关国家标准制定、调整和公布。

职业卫生安全许可证的颁发管理工作实行生产经营单位申请、三级发证、属地监管的原则。

国家安全生产监督管理总局指导、监督全国职业卫生安全许可证的颁发管理工作，负责中央管理的企业总部(包括集团公司、总公司，下同)职业卫生安全许可证的颁发和管理。

省(自治区、直辖市)人民政府安全生产监督管理部门负责本行政区域内中央企业所属单位，以及省(自治区、直辖市)属企业职业卫生安全许可证的颁发和管理。

设区的市级人民政府安全生产监督管理部门负责本条前两款规定以外的生产经营单位职业卫生安全许可证的颁发和管理。

上级安全生产监督管理部门在其职责范围内，根据工作需要可以委托下一级安全生产监督管理部门实施职业卫生安全许可。

第二节 职业卫生安全许可条件、申请和延期

一、职业卫生安全许可的条件

1. 职业安全健康管理措施

生产经营单位应当采取下列职业安全健康管理措施：

（1）设置或者指定职业安全健康管理机构或者组织，配备专职或者兼职的职业安全健康专业人员，为本单位提供职业安全健康服务；不具备配备专职的或者兼职的职业安全健康专业人员条件的，应当与备案的职业健康技术服务机构签订合同，由其提供相关服务；

（2）建立健全职业安全健康岗位责任制，制定使用有毒物品职业危害申报、职业健康检查、培训教育、职业危害日常监测、防护设施维护保养、个体防护用品配备使用、职业危害事故应急救援预案等制度，编制岗位职业安全操作规程；

（3）对从业人员进行上岗前和在岗期间的定期职业安全健康培训，普及有关职业安全健康知识，督促从业人员遵守有关法律、法规和操作规程，指导从业人员正确使用职业中毒危害防护设备和个人使用的职业中毒危害防护用品；

（4）建立职业卫生档案和从业人员健康监护档案，定期对使用有毒物品的作业场所进行职业中毒危害因素进行检测、评价，检测、评价结果存入用人单位职业卫生档案，定期向所在地卫生行政部门报告并向劳动者公布；

（5）配备现场急救用品、冲洗设备，为使用有毒物品的从业人员提供符合国家职业卫生标准的防护用品，并确保从业人员正确使用；

（6）将工作过程中可能产生的职业中毒危害及其后果、防护措施和待遇如实告知从业人员，并在劳动合同中写明；

（7）及时、如实向安全生产监督管理部门申报存在的职业中毒危害；

（8）法律、行政法规规定的其他措施。

2. 应急管理

从事使用高毒物品作业的生产经营单位，应当配备应急救援人员和必要的应急救援器材、设备，制定事故应急救援预案，并根据实际情况变化对应急救援预案适时进行修订，定期组织演练。事故应急救援预案和演练记录应当报当地安全生产监督管理部门备案。

3. 其他要求

生产经营单位除应具备以上条件和措施外，其作业场所还必须符合下列要求：

（1）职业病危害因素的强度或者浓度符合国家职业卫生标准；

（2）有与职业病危害防护相适应的设施；

（3）生产布局合理，有害作业与无害作业分开，高毒作业场所与其他作业场所隔离；

（4）有配套的更衣间、洗浴间、孕妇休息间，以及清洗、存放或者处理从事使用高毒物品作业劳动者的工作服、工作鞋帽等物品的专用间等卫生设施；

（5）设备、工具、用具等设施符合保护劳动者生理、心理健康的要求；

（6）与生活场所分开，作业场所不得住人；

（7）设置有效的通风装置；可能突然泄漏大量有毒物品或者易造成急性中毒的作业场所，设置自动检测报警装置和事故通风设施；

（8）设置黄色区域警示线、警示标识和中文警示说明；高毒作业场所设置红色区域警示线、警示标识、中文警示说明、通讯报警设备，以及应急撤离通道和必要的泄险区；

（9）法律、行政法规规定的其他条件。

二、职业卫生安全许可证的申请和颁发

1. 申请

中央管理的企业总部申请领取职业卫生安全许可证，向国家安全生产监督管理总局提出申请。

省(自治区、直辖市)所在地中央企业所属单位和省(自治区、直辖市)所属企业申请领取职业卫生安全许可证，向省(自治区、直辖市)人民政府安全生产监督管理部门提出申请。

其他生产经营单位申请领取职业卫生安全许可证，向设区的市级安全生产监督管理部门提出申请。

生产经营单位在申请职业卫生安全许可证前，应当委托安全生产监督管理部门备案的职业健康技术服务机构对使用有毒物品作业场所进行职业中毒危害预评价、职业中毒危害控制效果评价。

职业健康技术服务机构应当根据有关法律、行政法规和国家标准或者行业标准，对生产经营单位有关作业场所可能产生的职业中毒危害进行评价，并编制评价报告。

生产经营单位申请领取职业卫生安全许可证，应当提交下列文件、资料，并对其真实性负责。

(1) 申请书(一式三份)；

(2) 工商营业执照副本(复印件)；

(3) 使用有毒物品作业场所总平面图、工艺流程图、职业卫生档案、职工健康监护档案；

(4) 设置职业卫生管理机构和配备专兼职职业安全健康专业人员的文件(复印件)；

(5) 使用有毒物品作业场所职业中毒防护设施名称及其数量；

(6) 使用有毒物品的品名、用量，以及接触人数；

(7)职业卫生安全管理制度目录；

(8)单位主要负责人和职业安全健康专业人员和使用有毒物品的作业人员的培训证明；未配备专职或者兼职职业安全健康专业人员的，提供与备案的职业健康技术服务机构签订的服务合同；

(9)配备应急救援人员和必要的应急救援器材、设备的证明，以及事故应急救援预案；

(10)职业中毒危害预评价、职业中毒危害控制效果评价及其审核验收文件；高毒作业的建设项目的职业中毒危害防护设计及其审批文件；

(11)已经将工作过程中可能产生的职业危害及其后果、防护措施和待遇如实告知从业人员，以及向安全生产监督管理部门申报作业场所职业中毒危害的证明文件；

(12)依法应当提交的其他文件、资料。

安全生产监督管理部门对申请人提交的申请书及文件、资料，应当按照下列规定分别处理：

(1) 申请事项不属于本部门职权范围的，应当即时作出不予受理的决定，并告知申请人向相关机关申请；

(2) 申请材料存在可以当场更正的错误的，应当允许或者要求申请人当场更正，并即时出具受理的书面凭证；

(3) 申请材料不齐全或者不符合要求的，应当在5个工作日内一次性书面告知申请人需要补正的全部内容；逾期不告知的，自收到申请材料之日起即为受理。

(4) 申请材料齐全、符合要求或者按照要求全部补正的，自收到材料或者全部补正材料之日起为受理，并出具受理的书面凭证。

2. 颁发

对已受理的申请，安全生产监督管理部门应当指派工作人员对申请材料和职业安全健康条件进行审查；需要对申请材料的实质内容进行核实的，应当指派两名以上工作人员进行现场核查。

负责审查的工作人员应当向负责实施许可的安全生产监督管理部门提出审查意见。

安全生产监督管理部门应当对审查意见进行讨论，并在受理申请之日起 30 个工作日内作出颁发或者不予颁发职业卫生安全许可证的决定。

对决定颁发的，安全生产监督管理部门应当自决定之日起 10 个工作日内送达或者通知申请人领取职业卫生安全许可证；对不予颁发的，应当在 10 个工作日内书面通知申请人并说明理由。

三、职业卫生安全许可证延期和变更

1. 延期

职业卫生安全许可证的有效期为 3 年。职业卫生安全许可证有效期满后需要延期的，生产经营单位应当在职业卫生安全许可证有效期届满前 3 个月向原颁发职业卫生安全许可证的安全生产监督管理部门申请办理延期手续，并提交下列文件、资料：

（1）延期申请书；

（2）职业卫生安全许可证正本和副本；

（3）申请领取职业卫生安全许可证时申报材料。

安全生产监督管理部门应当依照《使用有毒物品作业场所职业卫生安全许可证实施办法（草案）》的规定，对生产经营单位提交的材料进行审查，并作出是否准予延期的决定。决定准予延期的，应当收回原职业卫生安全许可证，换发新的职业卫生安全许可证；决定不准予延期的，应当书面告知申请人并说明理由。

2. 变更

生产经营单位在职业卫生安全许可证有效期内有下列情形之一的，应当自工商营业执照变更之日起 30 个工作日内向原颁发职业卫生安全许可证的安全生产监督管理部门申请变更职业卫生安全许可证：

（1）变更单位名称的；

（2）变更主要负责人的；

（3）变更单位地址的；

（4）变更经济类型的。

生产经营单位申请变更职业卫生安全许可证时，应当提交下列文件、资料：

（1）变更申请书；

（2）职业卫生安全许可证正本和副本；

（3）变更后的工商营业执照及有关说明材料。

（4）变更主要负责人的，还应当提交变更后的主要负责人的培训证明复印件。

对已经受理的变更申请，职业卫生安全许可证颁发管理机关对申请人提交的文件、资料审查无误后，应当在 10 个工作日内办理变更手续。

职业卫生安全许可证申请书、审查书、延期申请书和变更申请书由国家安全生产监督管理总局统一格式。

职业卫生安全许可证分为正本和副本，正本和副本具有同等法律效力，正本为悬挂式，副本为折页式。

职业卫生安全许可证由国家安全生产监督管理总局统一印制和编号。

第三节　职业卫生安全许可证的监督管理

一、监督

(1) 已经建成投产的生产经营单位在申请职业卫生安全许可证期间，应当依法进行生产，确保职业安全；不具备职业卫生安全许可证发证条件的，应当进行整改并制定安全保障措施；经整改仍不具备发证条件的，不得进行生产。

生产经营单位取得职业卫生安全许可证后，不得降低职业安全条件，并应当加强日常职业安全管理，接受安全生产监督管理部门的监督检查。

(2) 生产经营单位不得转让、冒用、买卖、出租、出借或使用伪造的职业卫生安全许可证。

(3) 安全生产监督管理部门应当坚持公开、公平、公正的原则，严格审查、颁发职业卫生安全许可证。

安全生产监督管理部门工作人员在职业卫生安全许可证颁发、管理和监督检查工作中，不得索取或者接受生产经营单位的财物，不得谋取其他利益。

(4) 安全生产监督管理部门发现有下列情形之一的，应当撤销已经颁发的职业卫生安全许可证：

① 超越职权颁发职业卫生安全许可证的；

② 违反规定的程序颁发职业卫生安全许可证的；

③ 不具备规定的职业安全健康条件颁发职业卫生安全许可证的；

④ 以欺骗、贿赂等不正当手段取得职业卫生安全许可证的。

(5) 取得职业卫生安全许可证的生产经营单位有下列情形之一的，安全生产监督管理部门应当注销其职业卫生安全许可证：

① 职业卫生安全许可证有效期届满未延续的；

② 终止使用有毒物品的生产经营活动的；

③ 职业卫生安全许可证被依法撤销的；

④ 职业卫生安全许可证被依法吊销的。

(6) 生产经营单位隐瞒有关情况或者提供虚假材料申请职业卫生安全许可证的，安全生产监督管理部门不予受理，该单位在3年内不得再次申请职业卫生安全许可证。

(7) 安全生产监督管理部门按照各自职责加强本行政区域内取得职业卫生安全许可证的生产经营单位的日常监督检查，并将监督检查中发现的问题及时报告安全生产监督管理部门。

(8) 安全生产监督管理部门应当建立、健全职业卫生安全许可证档案管理制度，每6个月向社会公布一次取得本部门颁发的职业卫生安全许可证的生产经营单位情况。

(9) 省(自治区、直辖市)安全生产监督管理部门应当于每年1月15日前将本行政区域内上一年度生产经营单位职业卫生安全许可证颁发和管理情况报国家安全生产监督管理总局。

(10) 任何单位或者个人对违反《职业病防治法》、《使用有毒物品作业场所劳动保护条例》和《使用有毒物品作业场所职业卫生安全许可证实施办法（草案）》规定的行为，有权向安全生产监督管理部门举报。

二、处罚

（1）安全生产监督管理部门工作人员有下列行为之一的，根据情节轻重，给予相应的行政处分：

① 向不符合规定的职业卫生安全许可条件的生产经营单位颁发职业卫生安全许可证的；

② 发现生产经营单位未取得职业卫生安全许可证擅自从事使用有毒物品作业，不依法予以取缔的；

③ 发现取得职业卫生安全许可证的生产经营单位不再具备规定的职业卫生安全许可条件的，不依法进行处理的；

④ 在职业卫生安全许可证颁发、管理和监督检查工作中，索取或者接受生产经营单位财物，或者谋取其他利益的。

（2）已取得职业卫生安全许可证的生产经营单位有下列行为之一的，由所在地县级以上安全生产监督管理部门责令限期整改，并处 1 万元以上 3 万元以下罚款，同时报告原安全生产监督管理部门：

① 在职业卫生安全许可证有效期内，企业名称、主要负责人、地址、隶属关系等发生变化，未申请、办理变更手续的；

② 职业卫生安全许可证有效期满未办理延期手续，继续进行生产的；

③ 未向原安全生产监督管理部门申请注销许可证，并提供有关资料，交回许可证的；

④ 转让、冒用、买卖、出租、出借或使用伪造的职业卫生安全许可证。

（3）未经许可擅自从事使用有毒物品作业的，由安全生产监督管理部门没收违法所得，并处经营所得 3 倍以上 5 倍以下的罚款；同时，依法提请县级以上人民政府予以关闭。

已经取得职业卫生安全许可证的生产经营单位不具备有关法律、行政法规和国家标准或者行业标准规定的职业安全条件，由安全生产监督管理部门责令其停产停业整顿；经停产停业整顿仍不具备职业安全条件的，由安全生产监督管理部门提请县级以上人民政府予以关闭；安全生产监督管理部门应当依法吊销其职业卫生安全许可证。

（4）《使用有毒物品作业场所职业卫生安全许可证实施办法（草案）》施行前已经进行生产的使用有毒物品作业场所，其所属生产经营单位应当在 2011 年 1 月 1 日前，向安全生产监督管理部门申请办理职业卫生安全许可证；逾期不办理职业卫生安全许可证或者经审查不符合规定，未取得职业卫生安全许可证继续进行生产的，由安全生产监督管理部门没收违法所得，并处经营所得 3 倍以上 5 倍以下的罚款；同时，依法提请县级以上人民政府予以关闭。

复习与思考

1. 职业卫生安全许可证颁发管理工作的原则是什么？
2. 生产经营单位应当依法采取哪些职业安全健康防治管理措施？
3. 生产经营单位申请领取职业卫生安全许可证，应当提交哪些材料？

4. 职业卫生安全许可证的有效期是几年？有效期满后需要延期的应当在什么时候向原颁发职业卫生安全许可证的安全生产监督管理部门申请办理延期手续？

5. 生产经营单位在哪些情况下应当向原颁发职业卫生安全许可证的安全生产监督管理部门申请变更职业卫生安全许可证？

6. 在职业卫生安全许可证有效期内，企业名称、主要负责人、地址、隶属关系等发生变化，未申请、办理变更手续的将受到安全生产监督管理部门怎样的处罚？

7. 未经许可擅自从事使用有毒物品作业的，安全生产监督管理部门将作出怎样的处罚？

第十一章　职业病的诊断与保障

教学大纲：

1. 了解职业病、职业相关疾病、职业病诊断的概念。
2. 掌握如何申请职业病的诊断。
3. 了解职业病鉴定的概念。
4. 掌握如何申请职业病鉴定。
5. 掌握职业病病人保障的内容。

第一节　概　　述

为了规范职业病诊断鉴定工作，加强职业病诊断、鉴定管理，卫生部 2002 年 3 月 28 日发布中华人民共和国卫生部令第 24 号《职业病诊断与鉴定管理办法》自 2002 年 5 月 1 日起施行。《职业病诊断与鉴定管理办法》根据《中华人民共和国职业病防治法》制定，卫生部 1984 年 3 月 29 日颁发的《职业病诊断管理办法》同时废止。

职业病的诊断与鉴定工作遵循科学、公正、公开、公平、及时、便民的原则。职业病诊断、鉴定工作依据《职业病防治法》及《职业病诊断与鉴定管理办法》和国家职业病诊断标准进行，并符合职业病诊断与鉴定的程序。

一、健康的概念

什么是健康？由于人们所处的时代、环境和条件的不同，对健康的认识也不尽相同，受传统观念和世俗文化的影响，长期以来，人们往往把“无病即健康”，把有无疾病作为健康的判断标准，把健康单纯地理解为无病、无残、无伤。随着人类文明的发展，人们对健康与疾病的认识逐步深化，于是形成了整体的、现代的健康观，这就是世界卫生组织在 1948 年对健康概念提出的定义：健康是身体、心理和社会适应的完好状态，而不仅仅是没有疾病和虚弱。

这一定义有三个方面的特征：一是突破了无病即健康的狭隘的、消极地、低层次的健康观；二是对健康的解释从“生物人”扩大到了“社会人”的范围，把人的社会交往与人际关系和健康联系起来，同时也强调了社会文化、政治和经济对健康的影响；三是从个体健康扩大到群体健康，以及人类生存空间的完美，强调了人与环境的和谐相处，要求人们主动协调人类机体与环境的联系，保持人的健康与社会环境和物质环境的高度统一。1986 年，世界卫生组织在《渥太华宪章》中重申：“应将健康看作日常生活的资源，而不是生活的目标。健康是一个积极的概念，它不仅是个人身体素质的体现，也是社会和个人的资源。”“为达到身心健康和较好地适应社会的完美状态，每一个人都必须有能力去认识和实现这些愿望，努力满足需求和改善环境。”

健康的决定因素有很多，1974 年，加拿大卫生与福利部前部长 MareLalonde 发表一篇报告，把影响健康的诸多因素分为四类：人类生物学、生活方式、环境以及卫生服务的可得性。在这四大类的基础上，又进一步细分和强调为以下四方面：

(1) 社会经济环境　包括个人的收入和社会地位、文化背景和社会支持网络、教育、就业和工作条件。

(2) 物质环境　包括在生活和职业环境中的物理、化学和生物因素，以及住房、工作场所的安全等都是影响人们健康的重要因素。

(3) 个人因素　健康的婴幼儿发育状态、个人的卫生习惯、个人的能力和技能、人类生物学特征和遗传因素等均能够影响人类的健康。

(4) 卫生服务　除治疗外，具有维持和促进健康、预防疾病和损伤的功能健全的卫生机构，完备和质量保证的服务网络，一定的经济投入以及公平合理的卫生资源配置，对人群健康有着重要的促进作用。

这些因素同样也是影响作业人员职业健康水平的重要因素，预防和控制职业病，就必须从这些方面入手，改善员工的生活、职业环境、改善就业条件，培养良好的生活和工作习惯，使作业人员免受职业伤害。

二、职业病的概念

《中华人民共和国职业病防治法》中的规定：职业病是指企业、事业单位和个体经济组织的劳动者在职业活动中，因接触粉尘、放射性物质和其他有毒、有害物质等因素而引起的疾病。

职业病的构成必须具备四个要件：

(1) 患病主体必须是企业、事业单位或者个体经济组织的劳动者；

(2) 必须是在从事职业活动的过程中产生的；

(3) 必须是因接触粉尘、放射性物质和其他有毒、有害物质等职业病危害因素而引起的，其中放射性物质是指放射性同位素或射线装置发出的 α 射线、β 射线、γ 射线、X 射线、中子射线等电离辐射；

(4) 必须是国家公布的职业病分类和目录所列的职业病。在上述四个要件中，缺少任何一个要件，都不属于本法所称的职业病。

与工作相关性疾病(又称职业多发病)是由于生产环境和(或)劳动过程中某些不良因素造成的职业人群常见病发病率增高，潜伏的疾病发作或现患病情加重的一类疾病，后者是指工人在从事生产劳动过程中，由于操作者缺乏安全操作知识，缺乏必要的防护措施或违反操作规程而导致的机体组织的突发性意外伤害。

其特点是病因所致临床表现为非特异性的。如生产环境中的毒物、物理因素对心血管病也可有一定影响。如一氧化碳能促进动脉粥样硬化，主要是毒物可使动脉壁胆固醇沉积增加以及血小板在血管壁粘附增多，故可诱发和加剧心绞痛和心肌梗死。紧张的脑力劳动能使体内的儿茶酚胺增多，对心血管均可产生损害。国内外许多学者比较了不同职业人群的血压情况，如领航员中高血压的发病率是飞机助理员的四倍以上，发生高血压的年龄也提早。国内对从事脑力劳动和紧张作业的司机、售票员、报务员、会计、电话接线员、统计人员的调查，发现其高血压的患病率明显高于一般人群。出租司机的胃病患病率明显高于一般人群。有人报道，高温工人高血压的检出率为 42%，而非高温者仅为 10%。临床流行病学也早已证实了心血管疾病的易感因素与生活习惯、社会因素、遗传及内分泌等有关。

工作有关的疾病的特点为：其他职业人群也会发生这种疾病；职业因素可以促使疾病的发生和加重是多种发病因素之一；不是惟一的直接致病因素，或者职业因素只是诱因和加重因素；调离该职业或改善劳动条件后，该病可以缓解或停止发展。我国目前对工作有关疾病暂未列入，不属于规定的职业病范围。

三、职业病诊断的概念

职业病诊断是由依法取得职业病诊断资格的医疗卫生机构，依据职业病防治法和有关的职业病诊断法规、规章、标准，对劳动者在职业活动中因接触粉尘、放射性物质和其他有毒有害物质等因素而引起的疾病所进行的诊断活动。职业病诊断与一般疾病的诊断有很大的区别，是一项技术性、政策性很强的工作，进行诊断时，不仅要根据劳动者的临床表现，还必须结合劳动者的职业病史和工作场所的现场劳动卫生学资料，进行综合分析后才能做出诊断。

第二节　职业病的诊断

一、职业病的诊断机构

职业病诊断由省级卫生行政部门批准的医疗卫生机构承担。从事职业病诊断的医疗卫生机构，应当具备以下条件：

（1）持有《医疗机构执业许可证》；

（2）具有与开展职业病诊断相适应的医疗卫生技术人员；

（3）具有与开展职业病诊断相适应的仪器、设备；

（4）具有健全的职业病诊断质量管理制度。

二、职业病诊断的申请

劳动者认为本人的健康损害可能与从事的职业病活动有关就可向用人单位所在地或者本人居住地（居住地是指劳动者的经常居住地）依法承担职业病诊断的医疗卫生机构提出申请。用人单位也可以就劳动者是否患职业病进行申请。

1. 职业病诊断的申请资料

申请职业病诊断时，应当提供以下资料：

（1）职业史、既往史；

（2）职业健康监护档案复印件；

（3）职业健康检查结果；

（4）工作场所历年职业病危害因素检测、评价资料；

（5）诊断机构要求提供的其他必需的有关材料；

（6）应当如实提供既往诊断活动的资料。

用人单位和有关机构有如实提供必要的资料的责任。

2. 职业病诊断的受理

对当事人所提供资料审核符合要求的，予以受理；不符合要求的应当通知当事人予以补正。没有职业病危害接触史或者健康检查没有发现异常的，诊断机构可以不予受理。

3. 职业病诊断的要求

（1）诊断依据为以下三条：

① 职业病诊断应当依据职业病诊断标准，结合职业病危害接触史、工作场所职业病危害因素检测与评价、临床表现和医学检查结果等资料，进行综合分析做出。

② 对不能确诊的疑似职业病病人，可以经必要的医学检查或者住院观察后，再做出诊断。

③ 没有证据否定职业病危害因素与病人临床表现之间的必然联系的，在排除其他致病因素后，应当诊断为职业病。

(2) 职业病诊断机构在进行职业病诊断时，应当组织3名以上取得职业病诊断资格的执业医师进行集体诊断。对职业病诊断有意见分歧的，应当按多数人的意见诊断；对不同意见应当如实记录。

(3) 职业病诊断机构做出职业病诊断后，应当向当事人出具职业病诊断证明书。

(4) 职业病诊断费用由用人单位支付。

4. 职业病诊断的医师要求

职业病防治法规定职业病诊断必须由3名以上职业病诊断医师集体诊断。经培训、考核合格，具有职业病诊断资格的执业医师，称之为职业病诊断医师。

从事职业病诊断的医师必须具备以下条件：

(1) 具有执业医师资格；

(2) 具有中级以上卫生专业技术职务任职资格；

(3) 熟悉职业病防治法律规范和职业病诊断标准；

(4) 从事职业病诊疗相关工作5年以上；

(5) 熟悉工作场所职业病危害防治及其管理；

(6) 经培训、考核合格。

(7) 取得省级卫生行政部门颁发的资格证书。

5. 职业病诊断证明书

(1) 职业病诊断证明书

职业病诊断证明书是指由职业病诊断机构出具的职业病诊断结论的法律文书。职业病诊断证明书应当由参加诊断的医师共同签署，并经职业病诊断机构审核盖章。职业病诊断证明书应当一式三份，劳动者、用人单位各执一份，诊断机构存档一份。职业病诊断证明书的格式由卫生部统一规定。

(2) 职业病诊断证明书的内容

职业病诊断机构做出职业病诊断后，应当向当事人出具职业病诊断证明书。职业病诊断证明书应当明确是否患有职业病，对患有职业病的，还应当载明所患职业病的名称、程度(期别)、处理意见和复查时间。

在没有新的证据资料时，不应重新申请诊断。职业病诊断机构对其他诊断机构按规定已经做出职业病诊断的病例，在没有新的证据资料时，不得进行重复诊断。尘肺病的复查，原则上应当在原诊断机构进行。

6. 职业病诊断档案

职业病诊断机构应当建立职业病诊断档案并永久保存，档案内容应当包括：

(1) 职业病诊断证明书；

(2) 职业病诊断过程记录：包括参加诊断的人员、时间、地点、讨论内容及诊断结论；

(3) 用人单位和劳动者提供的诊断用所有资料；

(4) 临床检查与实验室检验等结果报告单；

(5) 现场调查笔录及分析评价报告。

确诊为职业病的患者，用人单位应当按照职业病诊断证明书上注明的复查时间安排复查。

第三节　职业病鉴定

一、职业病鉴定的概念

职业病鉴定是由依法组成的职业病鉴定委员会，依当事人的申请，通过一定的程序和要求，按照职业病诊断标准对职业病进行重新诊断的活动。职业病鉴定是一项技术行为。

二、职业病诊断鉴定委员会

职业病诊断鉴定委员会是由卫生行政部门组织的，从诊断鉴定专家库中抽取专家组成的就特定人的职业病进行重新诊断的组织。诊断鉴定委员会设两级，分为省级和设区市级。省、市级卫生行政部门可以委托办事机构承担职业病诊断鉴定的组织和日常性管理工作。省级卫生行政部门设立职业病诊断鉴定专家库。职业病诊断鉴定委员会由申请鉴定当事人在办事机构的组织下从专家库中以随机抽取的方式确定，由 5 人以上单数组成，设主任委员 1 名。主任委员由诊断鉴定委员会委员推举产生。

在特殊情况下，职业病诊断鉴定专业机构根据鉴定工作的需要，可以组织在本地区以外的专家库中随机抽取相关专业的专家参加鉴定或者函件咨询。

三、职业病诊断鉴定委员会专家的回避

以下专家需要回避：

（1）是职业病诊断鉴定当事人或者当事人近亲属的；

（2）与职业病诊断鉴定有利害关系的；

（3）与职业病诊断鉴定当事人有其他关系，可能影响公正鉴定的。

四、职业病鉴定的申请

当事人对职业病诊断有异议的，在接到职业病诊断证明书之日起 30 日内，可以向做出诊断的医疗卫生机构所在地设区的市级卫生行政部门申请鉴定。设区的市级卫生行政部门组织的职业病诊断鉴定委员会负责职业病诊断争议的首次鉴定。

当事人对设区的市级职业病诊断鉴定委员会的鉴定结论不服的，在接到职业病诊断鉴定书之日起 15 日内，可以向原鉴定机构所在地省级卫生行政部门申请再鉴定。省级职业病诊断鉴定委员会的鉴定为最终鉴定。

五、申请职业病鉴定所需材料

当事人申请职业病诊断鉴定时，应当提供以下资料：

（1）职业病诊断鉴定申请书；

（2）职业病诊断证明书；

（3）职业史、既往史；

（4）职业健康监护档案复印件；

（5）职业健康检查结果；

（6）工作场所历年职业病危害因素检测、评价资料；

（7）其他有关资料。

六、职业病诊断鉴定的受理

职业病诊断鉴定办事机构自收到申请资料之日起10日内完成材料审核，对材料齐全的发给受理通知书；材料不全的，通知当事人补充。

(1) 职业病诊断与鉴定需要用人单位提供有关职业卫生和职业健康监护等资料时，用人单位应当如实提供，用人单位不提供或者不如实提供的，卫生行政部门可视其为未按照规定建立健全职业卫生档案和劳动者职业健康监护档案或者未按照规定安排职业病人、疑似职业病人进行诊治，依据《职业病防治法》第六十三条第(二)项、第六十四条第(四)项、第六十五条第(六)项规定情形处理。

(2) 用人单位不提供或者不如实提供诊断所需资料的，职业病诊断与鉴定机构应当根据当事人提供的自述材料、相关人员证明材料，按照《职业病防治法》第四十二条的规定作出诊断或鉴定结论。

(3)《职业病防治法》实施前已经诊断为职业病的，应当按照职业病诊断与鉴定管理办法和职业病诊断标准的要求定期进行复查，不再受理进行鉴定，《职业病防治法》实施前已经鉴定过的病例不再受理新鉴定。

七、职业病诊断鉴定

办事机构应当在受理鉴定之日起60日内组织鉴定。职业病诊断鉴定书应当于鉴定结束之日起20日内由职业病诊断鉴定办事机构发送当事人。

1. 职业病诊断鉴定书

职业病诊断鉴定书是由职业病诊断鉴定委员会出具的诊断鉴定结论的法律文书。鉴定书应当由参加鉴定的专家签字，并加盖职业病诊断鉴定委员会印章。职业病诊断鉴定书格式由卫生部统一制定。

2. 职业病诊断鉴定书的内容

(1) 劳动者、用人单位的基本情况及鉴定事由；

(2) 参加鉴定的专家情况；

(3) 鉴定结论及其依据，如果为职业病，应当注明职业病名称，程度(期别)；

(4) 鉴定时间。

第四节　职业病病人的保障

(1) 用人单位和医疗卫生机构发现职业病病人或者疑似职业病病人时，应当及时向所在地卫生行政部门报告。确诊为职业病的，用人单位还应当向所在地劳动保障行政部门报告。

(2) 用人单位应当及时安排对疑似职业病病人进行诊断；在疑似职业病病人诊断或者医学观察期间，不得解除或者终止与其订立的劳动合同。疑似职业病病人在诊断、鉴定、医学观察期间的费用，由用人单位承担。

(3) 职业病病人依法享受国家规定的职业病待遇，如下：

① 用人单位应当按照国家有关规定，安排职业病病人进行治疗、康复和定期检查。

② 用人单位对不适宜继续从事原工作的职业病病人，应当调离原岗位，并妥善安置。

③ 用人单位对从事解除职业病危害的作业的劳动者，应当给予适当岗位津贴。

（4）职业病病人的诊疗、康复费用，伤残以及丧失劳动能力的职业病病人赔偿费用由最后的用人单位承担，最后的用人单位有证据证明该职业病是先前用人单位的职业病危害造成的，由先前的用人单位承担。职业病病人变动工作单位，其依法享有的待遇不变。依法参加工伤社会保险的，按照国家有关工伤社会保险的规定执行。

（5）用人单位发生分立、合并、解散、破产等情形的，应当对从事接触职业病危害作业的劳动者进行健康检查，并按照国家有关规定妥善安置职业病病人。

复习与思考

1. 什么是职业病诊断？
2. 申请职业病诊断时，要向职业病诊断机构提供哪些资料？
3. 什么是职业病鉴定？
4. 申请职业病鉴定时，要向职业病鉴定部门提交哪些资料？
5. 职业病人有哪些保障？

附　录

作业场所职业健康监督管理暂行规定

国家安全生产监督管理总局令

第23号

《作业场所职业健康监督管理暂行规定》已经2009年6月15日国家安全生产监督管理总局局长办公会议审议通过，现予公布，自2009年9月1日起施行。

局长　骆琳

二〇〇九年七月一日

第一章　总则

第一条　为了加强工矿商贸生产经营单位作业场所职业健康的监督管理，强化生产经营单位职业危害防治的主体责任，预防、控制和消除职业危害，保障从业人员生命安全和健康，根据《职业病防治法》、《安全生产法》等法律、行政法规和国务院有关职业健康监督检查职责调整的规定，制定本规定。

第二条　除煤矿企业以外的工矿商贸生产经营单位(以下简称生产经营单位)作业场所的职业危害防治和安全生产监督管理部门对其实施监督管理工作，适用本规定。

煤矿企业作业场所的职业危害防治和煤矿安全监察机构对其实施监察工作，另行规定。

第三条　生产经营单位应当加强作业场所的职业危害防治工作，为从业人员提供符合法律、法规、规章和国家标准、行业标准的工作环境和条件，采取有效措施，保障从业人员的职业健康。

第四条　生产经营单位是职业危害防治的责任主体。

生产经营单位的主要负责人对本单位作业场所的职业危害防治工作全面负责。

第五条　国家安全生产监督管理总局负责全国生产经营单位作业场所职业健康的监督管理工作。

县级以上地方人民政府安全生产监督管理部门负责本行政区域内生产经营单位作业场所职业健康的监督管理工作。

第六条　为作业场所职业危害防治提供技术服务的职业健康技术服务机构，应当依照法律、法规、规章和执业准则，为生产经营单位提供技术服务。

第七条　任何单位和个人均有权向安全生产监督管理部门举报生产经营单位违反本规定的行为和职业危害事故。

第二章　生产经营单位的职责

第八条　存在职业危害的生产经营单位应当设置或者指定职业健康管理机构，配备专职或者兼职的职业健康管理人员，负责本单位的职业危害防治工作。

第九条　生产经营单位的主要负责人和职业健康管理人员应当具备与本单位所从事的生产经营活动相适应的职业健康知识和管理能力，并接受安全生产监督管理部门组织的职业健康培训。

第十条　生产经营单位应当对从业人员进行上岗前的职业健康培训和在岗期间的定期职业健康培训，普及职业健康知识，督促从业人员遵守职业危害防治的法律、法规、规章、国家标准、行业标准和操作规程。

第十一条　存在职业危害的生产经营单位应当建立、健全下列职业危害防治制度和操作规程：

(一) 职业危害防治责任制度；

(二) 职业危害告知制度；

(三) 职业危害申报制度；

（四）职业健康宣传教育培训制度；

（五）职业危害防护设施维护检修制度；

（六）从业人员防护用品管理制度；

（七）职业危害日常监测管理制度；

（八）从业人员职业健康监护档案管理制度；

（九）岗位职业健康操作规程；

（十）法律、法规、规章规定的其他职业危害防治制度。

第十二条 存在职业危害的生产经营单位的作业场所应当符合下列要求：

（一）生产布局合理，有害作业与无害作业分开；

（二）作业场所与生活场所分开，作业场所不得住人；

（三）有与职业危害防治工作相适应的有效防护设施；

（四）职业危害因素的强度或者浓度符合国家标准、行业标准；

（五）法律、法规、规章和国家标准、行业标准的其他规定。

第十三条 存在职业危害的生产经营单位，应当按照有关规定及时、如实将本单位的职业危害因素向安全生产监督管理部门申报，并接受安全生产监督管理部门的监督检查。

第十四条 新建、改建、扩建的工程建设项目和技术改造、技术引进项目（以下统称建设项目）可能产生职业危害的，建设单位应当按照有关规定，在可行性论证阶段委托具有相应资质的职业健康技术服务机构进行预评价。职业危害预评价报告应当报送建设项目所在地安全生产监督管理部门备案。

第十五条 产生职业危害的建设项目应当在初步设计阶段编制职业危害防治专篇。职业危害防治专篇应当报送建设项目所在地安全生产监督管理部门备案。

第十六条 建设项目的职业危害防护设施应当与主体工程同时设计、同时施工、同时投入生产和使用（以下简称“三同时”）。职业危害防护设施所需费用应当纳入建设项目工程预算。

第十七条 建设项目在竣工验收前，建设单位应当按照有关规定委托具有相应资质的职业健康技术服务机构进行职业危害控制效果评价。建设项目竣工验收时，其职业危害防护设施依法经验收合格，取得职业危害防护设施验收批复文件后，方可投入生产和使用。

职业危害控制效果评价报告、职业危害防护设施验收批复文件应当报送建设项目所在地安全生产监督管理部门备案。

第十八条 存在职业危害的生产经营单位，应当在醒目位置设置公告栏，公布有关职业危害防治的规章制度、操作规程和作业场所职业危害因素监测结果。

对产生严重职业危害的作业岗位，应当在醒目位置设置警示标识和中文警示说明。警示说明应当载明产生职业危害的种类、后果、预防和应急处置措施等内容。

第十九条 生产经营单位必须为从业人员提供符合国家标准、行业标准的职业危害防护用品，并督促、教育、指导从业人员按照使用规则正确佩戴、使用，不得发放钱物替代发放职业危害防护用品。

生产经营单位应当对职业危害防护用品进行经常性的维护、保养，确保防护用品有效。不得使用不符合国家标准、行业标准或者已经失效的职业危害防护用品。

第二十条 生产经营单位对职业危害防护设施应当进行经常性的维护、检修和保养，定期检测其性能和效果，确保其处于正常状态。不得擅自拆除或者停止使用职业危害防护设施。

第二十一条 存在职业危害的生产经营单位应当设有专人负责作业场所职业危害因素日常监测，保证监测系统处于正常工作状态。监测的结果应当及时向从业人员公布。

第二十二条 存在职业危害的生产经营单位应当委托具有相应资质的中介技术服务机构，每年至少进行一次职业危害因素检测，每三年至少进行一次职业危害现状评价。定期检测、评价结果应当存入本单位的职业危害防治档案，向从业人员公布，并向所在地安全生产监督管理部门报告。

第二十三条 生产经营单位在日常的职业危害监测或者定期检测、评价过程中，发现作业场所职业危害因素的强度或者浓度不符合国家标准、行业标准的，应当立即采取措施进行整改和治理，确保其符合职业健康环境和条件的要求。

第二十四条 向生产经营单位提供可能产生职业危害的设备的，应当提供中文说明书，并在设备的醒日位置设置警示标识和中文警示说明。警示说明应当载明设备性能、可能产生的职业危害、安全操作和维护注意事项、职业危害防护措施等内容。

第二十五条 向生产经营单位提供可能产生职业危害的化学品等材料的，应当提供中文说明书。说明书应当载明产品特性、主要成份、存在的有害因素、可能产生的危害后果、安全使用注意事项、职业危害防护和应急处置措施等内容。产品包装应当有醒目的警示标识和中文警示说明。贮存场所应当设置危险物品标识。

第二十六条 任何生产经营单位不得使用国家明令禁止使用的可能产生职业危害的设备或者材料。

第二十七条 任何单位和个人不得将产生职业危害的作业转移给不具备职业危害防护条件的单位和个人。不具备职业危害防护条件的单位和个人不得接受产生职业危害的作业。

第二十八条 生产经营单位应当优先采用有利于防治职业危害和保护从业人员健康的新技术、新工艺、新材料、新设备，逐步替代产生职业危害的技术、工艺、材料、设备。

第二十九条 生产经营单位对采用的技术、工艺、材料、设备，应当知悉其可能产生的职业危害，并采取相应的防护措施。对可能产生职业危害的技术、工艺、材料、设备故意隐瞒其危害而采用的，生产经营单位主要负责人对其所造成的职业危害后果承担责任。

第三十条 生产经营单位与从业人员订立劳动合同(含聘用合同，下同)时，应当将工作过程中可能产生的职业危害及其后果、职业危害防护措施和待遇等如实告知从业人员，并在劳动合同中写明，不得隐瞒或者欺骗。生产经营单位应当依法为从业人员办理工伤保险，缴纳保险费。

从业人员在履行劳动合同期间因工作岗位或者工作内容变更，从事与所订立劳动合同中未告知的存在职业危害的作业的，生产经营单位应当依照前款规定，向从业人员履行如实告知的义务，并协商变更原劳动合同相关条款。

生产经营单位违反本条第一款、第二款规定的，从业人员有权拒绝作业。生产经营单位不得因从业人员拒绝作业而解除或者终止与从业人员所订立的劳动合同。

第三十一条 对接触职业危害的从业人员，生产经营单位应当按照国家有关规定组织上岗前、在岗期间和离岗时的职业健康检查，并将检查结果如实告知从业人员。职业健康检查费用由生产经营单位承担。

生产经营单位不得安排未经上岗前职业健康检查的从业人员从事接触职业危害的作业；不得安排有职业禁忌的从业人员从事其所禁忌的作业；对在职业健康检查中发现有与所从事职业相关的健康损害的从业人员，应当调离原工作岗位，并妥善安置；对未进行离岗前职业健康检查的从业人员，不得解除或者终止与其订立的劳动合同。

第三十二条 生产经营单位应当为从业人员建立职业健康监护档案，并按照规定的期限妥善保存。

从业人员离开生产经营单位时，有权索取本人职业健康监护档案复印件，生产经营单位应当如实、无偿提供，并在所提供的复印件上签章。

第三十三条 生产经营单位不得安排未成年工从事接触职业危害的作业；不得安排孕期、哺乳期的女职工从事对本人和胎儿、婴儿有危害的作业。

第三十四条 生产经营单位发生职业危害事故，应当及时向所在地安全生产监督管理部门和有关部门报告，并采取有效措施，减少或者消除职业危害因素，防止事故扩大。对遭受职业危害的从业人员，及时组织救治，并承担所需费用。

生产经营单位及其从业人员不得迟报、漏报、谎报或者瞒报职业危害事故。

第三十五条 作业场所使用有毒物品的生产经营单位，应当按照有关规定向安全生产监督管理部门申请办理职业卫生安全许可证。

第三十六条 生产经营单位在安全生产监督管理部门行政执法人员依法履行监督检查职责时，应当予以配合，不得拒绝、阻挠。

第三章 监督管理

第三十七条 安全生产监督管理部门依法对生产经营单位执行有关职业危害防治的法律、法规、规章和国家标准、行业标准的下列情况进行监督检查：

(一) 职业健康管理机构设置、人员配备情况；

(二) 职业危害防治制度和规程的建立、落实及公布情况；

（三）主要负责人、职业健康管理人员、从业人员的职业健康教育培训情况；

（四）作业场所职业危害因素申报情况；

（五）作业场所职业危害因素监测、检测及结果公布情况；

（六）职业危害防护设施的设置、维护、保养情况，以及个体防护用品的发放、管理及从业人员佩戴使用情况；

（七）职业危害因素及危害后果告知情况；

（八）职业危害事故报告情况；

（九）依法应当监督检查的其他情况。

第三十八条 安全生产监督管理部门应当建立健全职业危害的监督检查制度，加强行政执法人员职业健康知识的培训，提高行政执法人员的业务素质。

第三十九条 安全生产监督管理部门应当建立健全职业危害防护设施"三同时"的备案管理制度，加强职业危害相关资料的档案管理。

第四十条 安全生产监督管理部门对从事职业危害防治工作的职业健康技术服务机构实行登记备案管理制度。依法取得相应资质的职业健康技术服务机构，应当向安全生产监督管理部门登记备案。

从事作业场所职业危害检测、评价等工作的中介技术服务机构应当客观、真实、准确地开展检测、评价工作，并对其检测、评价的结果负责。

第四十一条 安全生产监督管理部门应当加强对职业健康技术服务机构的监督检查，发现存在违法违规行为的，及时向有关部门通报。

第四十二条 安全生产监督管理部门行政执法人员依法履行监督检查职责时，应当出示有效的执法证件。

行政执法人员应当忠于职守，秉公执法，严格遵守执法规范；对涉及被检查单位的技术秘密和业务秘密的，应当为其保密。

第四十三条 安全生产监督管理部门履行监督检查职责时，有权采取下列措施：

（一）进入被检查单位及作业场所，进行职业危害检测，了解有关情况，调查取证；

（二）查阅、复制被检查单位有关职业危害防治的文件、资料，采集有关样品；

（三）对有根据认为不符合职业危害防治的国家标准、行业标准的设施、设备、器材予以查封或者扣押，并应当在15日内依法作出处理决定。

第四十四条 发生职业危害事故的，安全生产监督管理部门应当并依照国家有关规定报告事故和组织事故的调查处理。

第四章　罚　　则

第四十五条 生产经营单位有下列情形之一的，给予警告，责令限期改正；逾期未改正的，处2万元以下的罚款：

（一）未按照规定设置或者指定职业健康管理机构，或者未配备专职或者兼职的职业健康管理人员的；

（二）未按照规定建立职业危害防治制度和操作规程的；

（三）未按照规定公布有关职业危害防治的规章制度和操作规程的；

（四）生产经营单位主要负责人、职业健康管理人员未按照规定接受职业健康培训的；

（五）生产经营单位未按照规定组织从业人员进行职业健康培训的；

（六）作业场所职业危害因素监测、检测和评价结果未按照规定存档、报告和公布的。

第四十六条 生产经营单位有下列情形之一的，责令限期改正，给予警告，可以并处2万元以上5万元以下的罚款：

（一）未按照规定及时、如实申报职业危害因素的；

（二）未按照规定设有专人负责作业场所职业危害因素日常监测，或者监测系统不能正常监测的；

（三）订立或者变更劳动合同时，未告知从业人员职业危害真实情况的；

（四）未按照规定组织从业人员进行职业健康检查、建立职业健康监护档案，或者未将检查结果如实告知从业人员的。

第四十七条 生产经营单位有下列情形之一的，给予警告，责令限期改正；逾期未改正的，处5万元以上20万元以下的罚款；情节严重的，责令停止产生职业危害的作业，或者提请有关人民政府按照国务院规定的权限责令关闭：

（一）作业场所职业危害因素的强度或者浓度超过国家标准、行业标准的；

（二）未提供职业危害防护设施和从业人员使用的职业危害防护用品，或者提供的职业危害防护设施和从业人员使用的职业危害防护用品不符合国家标准、行业标准的；

（三）未按照规定对职业危害防护设施和从业人员职业危害防护用品进行维护、检修、检测，并保持正常运行、使用状态的；

（四）未按照规定对作业场所职业危害因素进行检测、评价的；

（五）作业场所职业危害因素经治理仍然达不到国家标准、行业标准的；

（六）发生职业危害事故，未采取有效措施，或者未按照规定及时报告的；

（七）未按照规定在产生职业危害的作业岗位醒目位置公布操作规程、设置警示标识和中文警示说明的；

（八）拒绝安全生产监督管理部门依法履行监督检查职责的。

第四十八条 生产经营单位有下列情形之一的，责令限期改正，并处5万元以上30万元以下的罚款；情节严重的，责令停止产生职业危害的作业，或者提请有关人民政府按照国务院规定的权限责令关闭：

（一）隐瞒技术、工艺、材料所产生的职业危害而采用的；

（二）使用国家明令禁止使用的可能产生职业危害的设备或者材料的；

（三）将产生职业危害的作业转移给没有职业危害防护条件的单位和个人，或者没有职业危害防护条件的单位和个人接受产生职业危害作业的；

（四）擅自拆除、停止使用职业危害防护设施的；

（五）安排未经职业健康检查的从业人员、有职业禁忌的从业人员、未成年工或者孕期、哺乳期女职工从事接触产生职业危害作业或者禁忌作业的。

第四十九条 生产经营单位违反有关职业危害防治法律、法规、规章和国家标准、行业标准的规定，已经对从业人员生命健康造成严重损害的，责令停止产生职业危害的作业，或者提请有关人民政府按照国务院规定的权限责令关闭，并处10万元以上30万元以下的罚款。

第五十条 建设项目职业危害预评价报告、职业危害防治专篇、职业危害控制效果评价报告和职业危害防护设施验收批复文件未按照本规定要求备案的，给予警告、并处3万元以下的罚款。

第五十一条 向生产经营单位提供可能产生职业危害的设备或者材料，未按照规定提供中文说明书或者设置警示标识和中文警示说明的，责令限期改正，给予警告，并处5万元以上20万元以下的罚款。

第五十二条 安全生产监督管理部门及其行政执法人员未按照规定报告职业危害事故的，依照有关规定给予处理；构成犯罪的，依法追究刑事责任。

第五十三条 本规定所规定的对作业场所职业健康违法行为的处罚，由县级以上安全生产监督管理部门决定。法律、行政法规和国务院有关规定对行政处罚决定机关另有规定的，依照其规定。

第五章 附 则

第五十四条 本规定下列用语的含义：

作业场所，是指从业人员进行职业活动的所有地点，包括建设单位施工场所。

职业危害，是指从业人员在从事职业活动中，由于接触粉尘、毒物等有害因素而对身体健康所造成的各种损害。

职业禁忌，是指从业人员从事特定职业或者接触特定职业危害因素时，比一般职业人群更易于遭受职业危害损伤和罹患职业病，或者可能导致原有自身疾病病情加重，或者在从事作业过程中诱发可能导致对他人生命健康构成危险的疾病的个人特殊生理或者病理状态。

第五十五条 本规定未规定的职业危害防治的其他有关事项，依照《职业病防治法》和其他有关法律、行政法规的规定执行。

第五十六条 本规定自2009年9月1日起施行。

作业场所职业危害申报管理办法

国家安全生产监督管理总局令

第 27 号

《作业场所职业危害申报管理办法》已经 2009 年 8 月 24 日国家安全生产监督管理总局局长办公会议审议通过，现予公布，自 2009 年 11 月 1 日起施行。

局长　骆琳

二〇〇九年九月八日

第一条　为了规范作业场所职业危害的申报工作，加强对生产经营单位职业健康工作的监督管理，根据《中华人民共和国职业病防治法》、《使用有毒物品作业场所劳动保护条例》等法律、行政法规和国务院有关职业健康监督检查职责调整的规定，制定本办法。

第二条　在中华人民共和国境内存在或者产生职业危害的生产经营单位(煤矿企业除外)，应当按照国家有关法律、行政法规及本办法的规定，及时、如实申报职业危害，并接受安全生产监督管理部门的监督管理。

煤矿企业作业场所职业危害申报的管理，另行规定。

第三条　本办法所称作业场所职业危害，是指从业人员在从事职业活动中，由于接触粉尘、毒物等有害因素而对身体健康所造成的各种损害。

作业场所职业危害按照《职业病危害因素分类目录》确定。

第四条　职业危害申报工作实行属地分级管理。生产经营单位应当按照规定对本单位作业场所职业危害因素进行检测、评价，并按照职责分工向其所在地县级以上安全生产监督管理部门申报。

中央企业及其所属单位的职业危害申报，按照职责分工向其所在地设区的市级以上安全生产监督管理部门申报。

第五条　生产经营单位申报职业危害时，应当提交《作业场所职业危害申报表》和下列有关资料：

（一）生产经营单位的基本情况；

（二）产生职业危害因素的生产技术、工艺和材料的情况；

（三）作业场所职业危害因素的种类、浓度和强度的情况；

（四）作业场所接触职业危害因素的人数及分布情况；

（五）职业危害防护设施及个人防护用品的配备情况；

（六）对接触职业危害因素从业人员的管理情况；

（七）法律、法规和规章规定的其他资料。

第六条　作业场所职业危害申报采取电子和纸质文本两种方式。生产经营单位通过“作业场所职业危害申报与备案管理系统”进行电子数据申报，同时将《作业场所职业危害申报表》加盖公章并由生产经营单位主要负责人签字后，按照本办法第四条和第五条的规定，连同有关资料一并上报所在地相应的安全生产监督管理部门。

第七条　作业场所职业危害申报不得收取任何费用。

第八条　作业场所职业危害每年申报一次。生产经营单位下列事项发生重大变化的，应当按照本条规定向原申报机关申报变更：

（一）进行新建、改建、扩建、技术改造或者技术引进的，在建设项目竣工验收之日起 30 日内进行申报；

（二）因技术、工艺或者材料发生变化导致原申报的职业危害因素及其相关内容发生重大变化的，在技术、工艺或者材料变化之日起 15 日内进行申报；

（三）生产经营单位名称、法定代表人或者主要负责人发生变化的，在发生变化之日起 15 日内进行申报。

第九条 生产经营单位终止生产经营活动的，应当在生产经营活动终止之日起 15 日内向原申报机关报告并办理相关手续。

第十条 县级以上安全生产监督管理部门应当建立职业危害管理档案。职业危害管理档案应当包括辖区内存在职业危害因素的生产经营单位数量、职业危害因素种类、行业及地区分布、接触人数、防护设施的配备和职业卫生管理状况等内容。

第十一条 安全生产监督管理部门应当依法对生产经营单位作业场所职业危害申报情况进行监督检查。

第十二条 安全生产监督管理部门及其工作人员在对职业危害申报材料审查以及监督检查中，涉及生产经营单位商业秘密和技术秘密的，应当为其保密。违反有关保密义务的，应当承担相应的法律责任。

第十三条 生产经营单位未按照本办法规定及时、如实地申报职业危害的，由安全生产监督管理部门给予警告，责令限期改正，可以并处 2 万元以上 5 万元以下的罚款。

第十四条 生产经营单位有关事项发生重大变化，未按照本办法第八条的规定申报变更的，由安全生产监督管理部门责令限期改正，可以并处 1 万元以上 3 万元以下罚款。

第十五条 《作业场所职业危害申报表》、《作业场所职业危害申报回执》的内容和格式由国家安全生产监督管理总局统一制定。

第十六条 本办法自 2009 年 11 月 1 日起施行。

国家安全监管总局关于贯彻落实《作业场所职业危害申报管理办法》加强职业危害申报工作的通知

（安监总安健[2009]210号）

各省、自治区、直辖市及新疆生产建设兵团安全生产监督管理局，各中央企业：

《作业场所职业危害申报管理办法》(国家安全监管总局令第27号，以下简称《申报办法》)已于2009年9月8日公布，自2009年11月1日起施行。为贯彻落实《申报办法》，进一步加强职业危害申报工作，现就有关要求通知如下：

一、充分认识《申报办法》的重要意义

职业危害申报是企业必须履行的法定义务，也是安全监管部门履行职业健康监管职责的重要内容。开展职业危害申报有助于引导企业掌握本企业的职业危害情况，做好防控工作，也有助于安全监管部门掌握辖区内职业危害的分布情况，有针对性地开展监管工作。《申报办法》以《职业病防治法》、《使用有毒物品作业场所劳动保护条例》等法律和行政法规为依据，对职业危害申报的内容、方式、程序以及变更申报、监督检查等作了具体规范，是全面指导职业危害申报工作的重要部门规章。地方各级安全监管部门和各中央企业要充分认识做好职业危害申报工作的重要性，通过学习贯彻《申报办法》，全面推动本地区、本企业的职业危害申报工作。

二、规范申报内容和申报程序

根据《申报办法》的规定，国家安全监管总局制定了《作业场所职业危害申报表》(以下简称《申报表》，见附件1)，明确了申报内容。《申报办法》第五条所规定的前六项相关资料已包括其中，不再另行上报。

为提高申报工作效率，国家安全监管总局组织研发了作业场所职业危害申报与备案管理系统(以下简称申报系统，网址：http：//www. chinasafety. ac. cn)。企业应通过该申报系统进行申报。申报工作流程为：

1. 登录申报系统注册；
2. 在线填写和提交《申报表》；
3. 安全监管部门审查备案；
4. 打印审查备案的《申报表》并签字盖章，按规定报送地方安全监管部门。

安全监管部门收到企业报送的纸质《申报表》后，应当即为企业开具《作业场所职业危害申报回执》(见附件2，可在申报系统中打印)，并将《申报表》归入职业健康管理档案。

三、制定工作计划，做好宣传培训

地方各级安全监管部门和各中央企业要结合本地区、本企业的实际，把职业危害申报列入工作计划和目标考核，确保完成《国家职业病防治规划(2009-2015年)》提出的“到2015年，用人单位职业病危害项目申报率达到80%以上”的工作目标。

要高度重视《申报办法》的宣传和贯彻，大力开展职业危害申报培训，积极借助“安全生产月”和《职业病防治法》宣传周等活动，扩大职业危害申报工作的覆盖面。同时，做好职业危害常识的宣传和培训，增强广大企业管理人员和劳动者对职业危害的认识。

四、加强申报管理，实施分级监管

地方各级安全监管部门对职业危害申报的备案工作要严格管理，《申报表》填写内容不全或有明显错误的，应要求企业立即补全或更正；应组织对通过申报备案的企业进行现场抽查。拒不申报或申报虚假信息的，一经发现，要依照《申报办法》进行严肃查处。

地方各级安全监管部门要以职业危害申报为契机，建立健全职业危害企业数据库，加强对职业危害形势的研究分析，积极探索职业危害企业分级监管的方式、方法，把职业健康管理薄弱的企业作为重点监管对象，切实加大执法力度，保护劳动者的生命安全和身体健康。

附件 1

申报登记号：________年度第________号

作业场所职业危害申报表

申报单位(盖章)________________________

申报日期________________________________

国家安全生产监督管理总局　制

一、申报单位基本情况

单位名称				建厂时间			
单位注册地址				邮政编码			
作业场所地址				邮政编码			
法定代表人		联系电话		注册类型			
行业分类				主管单位			
企业年度产值(万元)		资产总额（万元）		是否有专门的职业卫生管理机构			
职业卫生管理机构		负责人		联系电话			
职业卫生管理人数		填报类别		变更原因			
在岗职工总人数		其中：女工		农民工		参加职业危害培训总人数	
接触职业危害总人数		其中：女工		农民工			
职业病累计人数		新增人数		疑似人数			
体检总人数：岗前		岗中		离岗			
申报人联系电话				填表日期			

二、申报单位生产基本情况

主要原、辅材料			主要中间品			主要产品、副产品		
名称	年用量	单位	名称	年产量	单位	名称	年产量	单位

三、申报单位存在职业病危害的作业场所

序　号	作　业　场　所

四、作业场所职业病危害因素汇总表

职业病危害因素检测机构													
序号	职业病危害因素名称	作业场所	危害来源	设备状态	操作方式	是否隔离	接触职业病危害人数			浓（强）度	工程防护设施		个体防护用品	
							总人数	女工数	农民工人数		有（名称）	无	有（名称）	无

五、接触职业病危害因素人员管理情况汇总表

培训机构					体检机构					
序号	职业病危害因素名称	接触职业病危害人数			职业卫生培训人数	上年度体检人数			体检发现职业病患者人数	调离岗位人数
		总人数	女工	农民工		岗前	岗中	离岗		

附件 2

作业场所职业病危害申报回执

申报登记号：________年度第________号

________________________（单位）：

你单位提交的作业场所职业病危害申报表及相关材料共________件，现已接收，如你单位相关申报内容发生变化，请按规定及时进行变更申报。

申报人（签字）：　　　　　　　　　　　　　　　　联系方式：

安全生产监督管理部门（专用印章）

经办人：

年　　月　　日

注：本回执共两联，第一联存档，第二联交申报单位。

作业场所职业病危害申报回执

申报登记号：________年度第________号

________________________（单位）：

你单位提交的作业场所职业病危害申报表及相关材料共________件，现已接收，如你单位相关申报内容发生变化，请按规定及时进行变更申报。

申报人（签字）：　　　　　　　　　　　　　　　　联系方式：

安全生产监督管理部门（专用印章）

经办人：

年　　月　　日

注：本回执共两联，第一联存档，第二联交申报单位。

国家安全监管总局关于
加强职业安全健康监管工作的通知

（安监总安健[2009]29号）

各省、自治区、直辖市及新疆生产建设兵团安全生产监督管理局，各中央企业：

2008年，国务院批准在国家安全生产监督管理总局设立职业安全健康监督管理司，承担职业安全健康监督管理职责。为认真贯彻党中央、国务院关于加强职业安全健康工作的一系列重要决策部署，进一步做好职业安全健康监督管理工作，预防和减少职业危害，改善作业环境，保障劳动者生命健康权益，现就加强职业安全健康监管工作通知如下：

一、高度重视，加强组织领导

做好职业安全健康监管工作着眼于人的健康，立足于减少职业危害，旨在保护劳动者的生命安全和身体健康，是贯彻“以人为本”的科学发展观的具体体现，是构建社会主义和谐社会的必然要求。各单位要充分认识做好职业安全健康监管工作的极端重要性和必要性，增强工作的责任感、使命感和紧迫感。要从深入学习实践科学发展观、构建和谐社会的高度，真正把职业安全健康监管工作摆上重要工作日程抓紧抓好。要进一步加强组织领导，切实把职业安全健康监管工作纳入重点监管范畴、列入重点工作计划，同时部署、同步推进、统筹考核；要落实责任，建立责任制，把职业安全健康监管工作纳入业绩考核范畴，逐级抓好考核与责任落实；要积极争取地方财政支持，加大投入，鼓励研制、开发、推广、应用有利于职业危害防治和保护劳动者健康的新技术、新工艺、新材料，限制使用和淘汰职业危害严重的技术、工艺和材料；要落实监管措施，强化现场监督检查，加大执法力度。

二、健全机构，理顺监管职能

各省级安全监管局要结合政府机构改革，积极向省级人民政府汇报做好职业安全健康监管工作的必要性和紧迫性，要以围绕落实《国务院办公厅关于印发国家安全生产监督管理总局主要职责内设机构和人员编制规定的通知》(国办发[2008]91号)精神为重点，切实加强省级职业安全健康监管机构的建设，理顺职业安全健康监管职责，要明确落实职业安全健康监管处(室)，配备足够数量的专职监管人员，配置必要的职业安全健康监管执法装备、设备和仪器等；要加强与省级卫生、人力资源社会保障、工会等部门和组织的沟通协作，密切联系、互通信息、相互支持、共同配合，形成监管合力；要加强对地方职业安全健康监管机构建设的指导和支持，积极推进市(地)、县级职业安全健康监管机构的建设，划转职能、建立机构、充实人员、开展执法，逐步建立并完善各级职业安全健康监管体制机制。

三、突出重点，强化监督管理

各级安全监管部门要切实履行职业安全健康监管职责，采取有效措施，加大监管执法力度，指导和督促企业加强职业安全健康工作。要针对本地区职业危害特点，重点加大对职业危害突出的重点行业、重点企业和重点人群的监督检查，特别是要将冶金、有色、建材、机械、轻工、化工等行业以及矿山开采、冶炼、水泥制造、皮革加工、制鞋、五金电镀、电子制造等企业作为检查重点，针对企业职业危害前期预防和劳动过程中的防护与管理等重要环节开展经常性的检查、抽查，发现问题，依法严肃处理。要严肃查处职业危害事故和相关违法行为，建立职业危害事故调查处理的相关制度和事故责任追究责任制，对事故责任单位和个人要依法惩处。

四、大力开展职业安全健康宣传教育培训工作

各单位要结合“安全生产月”、“安全生产万里行”和“职业病防治宣传周”活动，充分利用广播、电视、报刊、杂志和网络等新闻媒体，认真开展内容丰富、形式多样的宣传活动，通过发放宣传资料、举办展览和论坛、组织知识竞赛、开展典型案例分析等，普及职业安全健康知识，增强生产经营单位的职业危害防治观念，提高劳动者的自我健康保护意识。

同时，要加强职业安全健康培训工作。一是加强对安全监管部门职业安全健康监管人员的培训。要认真制定培训计划，合理设置培训课程，重点加强职业安全健康形势、任务、要求，职业安全健康知识概论、法律法规、标准规程，职业危害因素类别、危害机理及识别、评价和防治措施，职业安全健康监管执法程序，职业危害事故调查处理和应急救援等知识点的培训。二是加强对企业负责人和相关管理人员的培训。要以不断提高和强化企业管理层职业安全健康观念和保障劳动者健康意识、强化企业和企业主要负责人主体责任为重点，定期开展培训，使其了解国家职业安全健康的政策规定，掌握职业危害预防和控制的措施和手段，深刻认识做好职业安全健康工作对于促进劳动力资源可持续发展、促进企业和谐健康发展的必要性和紧迫性。三是加强劳动者职业安全健康培训。企业要对劳动者进行上岗前的职业安全健康培训和在岗期间的定期培训，普及职业安全健康知识，使其掌握操作规程，并正确使用防护设备和个人防护用品。四是积极推进建立职业健康监督员岗位制度。在存在职业危害的企业一线设立职业健康监督员岗位，通过开展岗位调研、执业人员能力建设、培训考核，加强企业基层职业健康队伍建设，推进企业职业健康监督员岗位职业化。

五、全面落实生产经营单位职业安全健康管理主体责任

企业作为职业安全健康的责任主体，依法要对产生的职业危害承担责任。各级安全监管部门要指导督促存在职业危害的企业认真采取工程技术、个体防护、综合治理等措施，预防控制职业危害。

企业要认真贯彻执行国家有关职业安全健康的法律、法规、规章、标准、规程，设置或指定职业安全健康管理机构或组织，配备专(兼)职专业管理人员，完善内部相关管理制度，落实职业安全健康责任制。要依法如实申报职业危害项目，并优先采用有利于保护劳动者健康的新技术、新工艺、新材料；新改扩建建设项目和技术改造、引进项目要依法进行职业卫生审查，并严格遵守“三同时”规定；要实施由专人负责的职业危害因素日常监测，定期对作业场所进行职业危害因素检测、评估；要设置公告栏，公布有关职业安全健康规章制度、操作规程、应急救援措施和职业危害因素检测结果，并在易产生严重职业危害的作业岗位设置警示标识和说明；使用有毒物品作业的生产经营单位要依法取得职业卫生安全许可证，并配备应急救援人员和必要的应急救援器材、设备，制定事故应急救援预案。

六、积极培育和发展职业安全健康科技服务与技术支撑体系

各级安全监管部门要积极创新职业安全健康监管体制机制，努力完善职业安全健康技术服务体系，要对辖区内职业安全健康技术服务机构现状进行调研和需求分析，制定相关政策，整合已有资源、开发新资源，实施职业安全健康技术服务机构备案制，并加强规划、监督与管理，促进职业安全健康技术服务机构依法自主经营、自我发展和自我约束机制的完善。

各单位要认真贯彻本通知精神，积极开拓工作思路，努力创新监管体制和管理模式，为保障职工安全健康权益、构建和谐社会作出努力。

国家安全生产监督管理总局

二〇〇九年二月十七日

关于开展粉尘与高毒物品危害治理专项行动的通知

（安监总安健[2009]148号）

各省、自治区、直辖市安全生产监督管理局、卫生厅（局）、人力资源社会保障（劳动保障）厅（局）、总工会，新疆生产建设兵团安全生产监督管理局、卫生局、劳动保障局、总工会，有关中央企业：

近年来，一些地区陆续发生了群发性职业危害事件，给劳动者的身体健康和生命安全造成了严重损害，社会影响极其恶劣。事件的发生反映出一些地方职业危害严重，部分生产经营单位职业危害防治主体责任不落实，职业危害防治形势十分严峻。为贯彻《职业病防治法》以及《尘肺病防治条例》、《使用有毒物品作业场所劳动保护条例》等法律法规，切实保护劳动者健康权益，促进经济协调可持续发展，维护社会稳定，经国家安全监管总局、卫生部、人力资源社会保障部和全国总工会（以下简称四部门）研究，用一年半左右的时间，在全国范围内组织开展粉尘与高毒物品危害治理专项行动，现将有关事项通知如下：

一、工作目标

通过开展专项行动，促进各地区、各有关部门、各单位落实党和国家关于职业危害防治工作的方针政策、法律法规，促进生产经营单位落实职业危害防治主体责任，促进地方各级人民政府加强对职业危害防治工作的监督管理，全面治理职业危害防治的薄弱环节，认真解决存在的突出问题，改善工作场所作业环境，提高综合防治能力，建立职业危害防治工作的长效机制，保护从业人员健康权益，实现全国职业危害防治形势的稳定好转。

二、范围与内容

（一）治理范围

此次专项行动的范围为工矿商贸领域的生产经营单位。重点是矿山开采、石英砂加工、宝石加工、石材加工、冶炼、水泥制造、箱包加工、玩具制造、皮革加工、制鞋、家具制造、五金电镀、电子制造、装饰材料加工等生产企业，特别是产生粉尘和使用高毒物品的作业场所。

（二）治理内容

此次专项行动以督促生产经营单位落实职业危害防治主体责任为主要内容，具体包括：

1. 建立并落实职业危害防治责任制；

2. 职业健康（卫生）管理机构设置、人员配备及管理；

3. 建立并落实职业危害防治规章制度、岗位操作规程；

4. 组织从业人员进行上岗前、在岗期间、离岗前职业健康体检，并建立职业健康监护档案；

5. 主要负责人、职业健康（卫生）管理人员、接触职业危害因素从业人员的职业危害防治知识培训与教育；

6. 与从业人员签订劳动合同，并依法参加工伤保险；

7. 及时、如实申报存在的职业危害；

8. 职业危害因素的监测、检测和评价以及结果公布情况；

9. 告知从业人员工作过程中可能产生的职业危害及其危害后果，并在作业场所设置职业危害警示标识；

10. 设置职业危害防护设施，并进行经常性的维护、检修和保养情况；

11. 淘汰落后，采用先进技术、工艺、材料、设备的情况；

12. 职业健康防护用品配备与从业人员的管理；

13. 职业危害事故的处置及报告情况；

14. 生产经营单位应当履行的其他法定义务。

三、组织与分工

为保证专项行动有序进行并取得实效，四部门联合成立专项行动领导小组，国家安全监管总局副局长杨元元同志任组长，卫生部副部长陈啸宏、人力资源社会保障部副部长胡晓义和全国总工会副主席张鸣起同志任副组长，成员为四部门相关业务司局负责人。办公室设在国家安全监管总局职业安全健康监督管理司，职业安全健康监督管理司主要负责人任办公室主任，成员为四部门相关业务处室负责人。办公室负责专项行动的具体组织实施。

安全监管部门负责生产经营单位作业场所职业健康（卫生）监督检查，组织查处职业危害事故和有关违法违规行为；卫生部门负责对生产经营单位职业健康监护情况进行监督检查，规范职业健康检查、职业病的诊断与鉴定工作；人力资源社会保障部门负责生产经营单位参加工伤保险和签订劳动合同的监督检查；工会组织负责群众性劳动保护的宣传教育和监督检查。安全监管、卫生、人力资源社会保障部门和工会组织要按照以上职责分工，认真做好职业危害治理工作。

四、工作步骤

（一）动员部署阶段（2009 年 8~9 月）

各地区要结合本地实际情况，制定专项行动工作方案，明确专项行动组织机构、工作目标、重点任务、措施和要求，认真进行部署。各省、自治区、直辖市和新疆生产建设兵团专项行动工作方案，请于 9 月 30 日前报专项行动领导小组办公室。四部门将于 9 月份召开电视电话会议，对专项行动做进一步部署。

（二）生产经营单位自查自改阶段（2009 年 10 月 ~2010 年 3 月）

各地区要组织、督促和指导生产经营单位，按照有关法律法规的规定及专项行动工作要求，认真进行自查，查出的问题能立即整改的，要立即整改；不能立即整改的，要制定整改方案，明确责任人，在规定期限内整改到位。

（三）地方监管部门检查复查阶段（2010 年 4~9 月）

各地监管部门要按照国家法律法规及本地区专项行动工作方案要求，对生产经营单位进行检查复查，对其职业危害治理工作提出整改意见，并对于不符合法律法规标准的生产经营单位依法给予行政或经济处罚。同时，对生产经营单位的整改落实情况进行跟踪，对整改不合格或拒不整改的，要依法停产整顿或者提请地方政府予以关闭。

各省、自治区、直辖市和新疆生产建设兵团专项行动领导小组办公室要及时对本地区的专项行动工作进行总结，并于 2010 年 10 月 15 日前将总结报告报送专项行动领导小组办公室。

（四）四部门检查总结阶段（2010 年 10~12 月）

四部门按照本通知要求，对各地区开展专项行动的情况进行检查。对组织领导不力、专项行动走过场、治理效果不明显的，要予以批评。同时，对此次专项行动进行全面总结，并将专项行动情况向全国进行通报。

五、工作要求

（一）加强领导，精心组织。职业危害防治事关从业人员身体健康和生命安全，事关经济发展和社会稳定大局。各地区、各有关部门、各单位一定要充分认识做好职业危害防治工作的重要性，把专项行动作为一项重点工作抓实、抓细、抓出成效。要建立和落实职业危害治理责任制，健全工作机制，确定牵头部门，明确职责分工，周密部署，精心组织，全力抓好此项工作。各生产经营单位要切实担负起职业危害治理的主体责任，企业法定代表人负总责，积极组织开展职业危害治理工作，明确治理责任，制定治理措施，落实治理资金，确保治理效果。

（二）突出重点，依法治理。在全面开展专项治理的同时，要结合本地区、本部门、本单位的实际，突出职业危害严重的重点地区、重点行业（领域）、重点企业，依法进行治理。要把治理工作与促进企业依法开展生产经营活动结合起来，推动作业场所职业健康监管工作走上规范化、制度化的轨道。

（三）分工协作，密切配合。相关部门要按照职责分工认真组织，抓好落实。同时，要加强专项行动工作中的协调与配合，建立定期联席会议、信息通报和信息沟通制度，要加强各级专项行动工作机构之间的联系，加强部门间、地区间的沟通配合，形成上下联动、部门联动、地区联动的综合治理局面。

（四）标本兼治，综合治理。要通过宣传教育、严格执法等措施，引导、扶持生产经营单位加快技术改造，推进产业结构调整和优化升级，淘汰不符合国家产业政策、存在严重职业危害的工艺、设备和材料，落实预防、控制、消除职业危害的各项措施，对生产工艺落后、危害隐患难以消除、不能保障劳动者身体健康和生命安全的要坚决关闭。要以此次专项行动为契机，着力构建职业危害防治的长效机制。

（五）广泛宣传，强化监督。要把专项行动作为贯彻《国家职业病防治规划（2009~2015 年）》的重要举措，利用广播、电视、报纸、互联网等新闻媒体，广泛宣传此次专项行动的重要意义，大力普及职业危害防治知识，提高广大从业人员的自我防护意识，并动员他们积极参与到专项行动中来。要通过各种途径，教育、引导各类生产经营单位自觉贯彻《职业病防治法》等法律法规，落实职业危害防治主体责任。要强化舆论监督和群众监督，鼓励群众举报职业危害防治违法违规行为，对存在严重问题的单位和地区要进行曝光。同时，要加大对职业危害事故的查处力度，并将查处结果及时向社会通报。

国家安全生产监督管理总局

卫生部

人力资源社会保障部

全国总工会

二〇〇九年八月四日

职业病目录

一、尘肺

1. 矽肺
2. 煤工尘肺
3. 石墨尘肺
4. 炭黑尘肺
5. 石棉肺
6. 滑石尘肺
7. 水泥尘肺
8. 云母尘肺
9. 陶工尘肺
10. 铝尘肺
11. 电焊工尘肺
12. 铸工尘肺
13. 根据《尘肺病诊断标准》和《尘肺病理诊断标准》可以诊断的其他尘肺

二、职业性放射性疾病

1. 外照射急性放射病
2. 外照射亚急性放射病
3. 外照射慢性放射病
4. 内照射放射病
5. 放射性皮肤疾病
6. 放射性肿瘤
7. 放射性骨损伤
8. 放射性甲状腺疾病
9. 放射性性腺疾病
10. 放射复合伤
11. 根据《职业性放射性疾病诊断标准(总则)》可以诊断的其他放射性损伤

三、职业中毒

1. 铅及其化合物中毒(不包括四乙基铅)
2. 汞及其化合物中毒
3. 锰及其化合物中毒
4. 镉及其化合物中毒
5. 铍病
6. 铊及其化合物中毒
7. 钡及其化合物中毒
8. 钒及其化合物中毒
9. 磷及其化合物中毒
10. 砷及其化合物中毒
11. 铀中毒
12. 砷化氢中毒
13. 氯气中毒
14. 二氧化硫中毒
15. 光气中毒

16. 氨中毒
17. 偏二甲基肼中毒
18. 氮氧化合物中毒
19. 一氧化碳中毒
20. 二硫化碳中毒
21. 硫化氢中毒
22. 磷化氢、磷化锌、磷化铝中毒
23. 工业性氟病
24. 氰及腈类化合物中毒
25、四乙基铅中毒
26. 有机锡中毒
27. 羰基镍中毒
28. 苯中毒
29. 甲苯中毒
30. 二甲苯中毒
31. 正已烷中毒
32. 汽油中毒
33. 一甲胺中毒
34. 有机氟聚合物单体及其热裂解物中毒
35. 二氯乙烷中毒
36. 四氯化碳中毒
37. 氯乙烯中毒
38. 三氯乙烯中毒
39. 氯丙烯中毒
40. 氯丁二烯中毒
41. 苯的氨基及硝基化合物(不包括三硝基甲苯)中毒
42. 三硝基甲苯中毒
43. 甲醇中毒
44. 酚中毒
45. 五氯酚(钠)中毒
46. 甲醛中毒
47. 硫酸二甲酯中毒
48. 丙烯酰胺中毒
49. 二甲基甲酰胺中毒
50. 有机磷农药中毒
51. 氨基甲酸酯类农药中毒
52. 杀虫脒中毒
53. 溴甲烷中毒
54. 拟除虫菊酯类农药中毒
55. 根据《职业性中毒性肝病诊断标准》可以诊断的职业性中毒性肝病
56. 根据《职业性急性化学物中毒诊断标准(总则)》可以诊断的其他职业性急性中毒

四、物理因素所致职业病

1. 中暑
2. 减压病
3. 高原病
4. 航空病

5. 手臂振动病

五、生物因素所致职业病

1. 炭疽
2. 森林脑炎
3. 布氏杆菌病

六、职业性皮肤病

1. 接触性皮炎
2. 光敏性皮炎
3. 电光性皮炎
4. 黑变病
5. 痤疮
6. 溃疡
7. 化学性皮肤灼伤
8. 根据《职业性皮肤病诊断标准(总则)》可以诊断的其他职业性皮肤病

七、职业性眼病

1. 化学性眼部灼伤
2. 电光性眼炎
3. 职业性白内障(含放射性白内障、三硝基甲苯白内障)

八、职业性耳鼻喉口腔疾病

1. 噪声聋
2. 铬鼻病
3. 牙酸蚀病

九、职业性肿瘤

1. 石棉所致肺癌、间皮瘤
2. 联苯胺所致膀胱癌
3. 苯所致白血病
4. 氯甲醚所致肺癌
5. 砷所致肺癌、皮肤癌
6. 氯乙烯所致肝血管肉瘤
7. 焦炉工人肺癌
8. 铬酸盐制造业工人肺癌

十、其他职业病

1. 金属烟热
2. 职业性哮喘
3. 职业性变态反应性肺泡炎
4. 棉尘病
5. 煤矿井下工人滑囊炎

职业病危害因素分类目录

一、粉尘类

(一) 矽尘(游离二氧化硅含量超过10%的无机性粉尘)可能导致的职业病：矽肺

(二) 煤尘(煤矽尘)可能导致的职业病：煤工尘肺

(三) 石墨尘可能导致的职业病：石墨尘肺

(四) 炭黑尘可能导致的职业病：炭黑尘肺

(五) 石棉尘可能导致的职业病：石棉肺

(六) 滑石尘可能导致的职业病：滑石尘肺

(七) 水泥尘可能导致的职业病：水泥尘肺

(八) 云母尘可能导致的职业病：云母尘肺

(九) 陶瓷尘可能导致的职业病：陶瓷尘肺

(十) 铝尘(铝、铝合金、氧化铝粉尘)可能导致的职业病：铝尘肺

(十一) 电焊烟尘可能导致的职业病：电焊工尘肺

(十二) 铸造粉尘可能导致的职业病：铸工尘肺

(十三) 其他粉尘可能导致的职业病：其他尘肺

二、放射性物质类

电离辐射(X射线、γ射线)等，可能导致的职业病：外照射急性放射病、外照射亚急性放射病、外照射慢性放射病、内照射放射病、放射性皮肤疾病、放射性白内障、放射性肿瘤、放射性骨损伤、放射性甲状腺疾病、放射性性腺疾病、放射复合伤、根据《放射性疾病诊断总则》可以诊断的其他放射性损伤。

三、化学物质类

(一) 铅及其化合物(铅尘、铅烟、铅化合物，不包括四乙基铅)可能导致的职业病：铅及其化合物

(二) 汞及其化合物(汞、氯化高汞、汞化合物)可能导致的职业病：汞及其化合物中毒

(三) 锰及其化合物(锰烟、锰尘、锰化合物)可能导致的职业病：锰及其化合物中毒

(四) 镉及其化合物可能导致的职业病：镉及其化合物中毒

(五) 铍及其化合物可能导致的职业病：铍病

(六) 铊及其化合物可能导致的职业病：铊及其化合物中毒

(七) 钡及其化合物可能导致的职业病：钡及其化合物中毒

(八) 钒及其化合物可能导致的职业病：钒及其化合物中毒

(九) 磷及其化合物(不包括磷化氢、磷化锌、磷化铝)可能导致的职业病：磷及其化合物中毒

(十) 砷及其化合物(不包括砷化氢)可能导致的职业病：砷及其化合物中毒

(十一) 铀可能导致的职业病：铀中毒

(十二) 砷化氢可能导致的职业病：砷化氢中毒

(十三) 氯气可能导致的职业病：氯气中毒

(十四) 二氧化硫可能导致的职业病：二氧化硫中毒

(十五) 光气可能导致的职业病：光气中毒

(十六) 氨可能导致的职业病：氨中毒

(十七) 偏二甲基肼可能导致的职业病：偏二甲基肼中毒

(十八) 氮氧化合物可能导致的职业病：氮氧化合物中毒

(十九) 一氧化碳可能导致的职业病：一氧化碳中毒

(二十) 二氧化碳可能导致的职业病：二氧化碳中毒

(二十一) 硫化氢可能导致的职业病：硫化氢中毒

(二十二) 磷化氢、磷化锌、磷化铝可能导致的职业病：磷化氢、磷化锌、磷化铝中毒

(二十三) 氟及其化合物可能导致的职业病：工业性氟病

(二十四) 氰及腈类化合物可能导致的职业病：氰及腈类化合物中毒

（二十五）四乙基铅可能导致的职业病：四乙基铅中毒

（二十六）有机锡可能导致的职业病：有机锡中毒

（二十七）羰基镍可能导致的职业病：羰基镍中毒

（二十八）苯可能导致的职业病：苯中毒

（二十九）甲苯可能导致的职业病：甲苯中毒

（三十）二甲苯可能导致的职业病：二甲苯中毒

（三十一）正己烷可能导致的职业病：正己烷中毒

（三十二）汽油可能导致的职业病：汽油中毒

（三十三）一甲胺可能导致的职业病：一甲胺中毒

（三十四）有机氟聚合物单体及其热裂解物可能导致的职业病：有机氟聚合物单体及其热裂解物中毒

（三十五）二氯乙烷可能导致的职业病：二氯乙烷中毒

（三十六）四氯化碳可能导致的职业病：四氯化碳中毒

（三十七）氯乙烯可能导致的职业病：氯乙烯中毒

（三十八）三氯乙烯可能导致的职业病：三氯乙烯中毒

（三十九）氯丙烯可能导致的职业病：氯丙烯中毒

（四十）氯丁二烯可能导致的职业病：氯丁二烯中毒

（四十一）苯胺、甲苯胺、二甲苯胺、*N*，*N*–二甲基苯胺、二苯胺、硝基苯、硝基甲苯、对硝基苯胺、二硝基苯、二硝基甲苯可能导致的职业病：苯的氨基及硝基化合物（不包括三硝基甲苯）中毒

（四十二）三硝基甲苯可能导致的职业病：三硝基甲苯中毒

（四十三）甲醇可能导致的职业病：甲醇中毒

（四十四）酚可能导致的职业病：酚中毒

（四十五）五氯酚可能导致的职业病：五氯酚中毒

（四十六）甲醛可能导致的职业病：甲醛中毒

（四十七）硫酸二甲酯可能导致的职业病：硫酸二甲酯中毒

（四十八）丙烯酰胺可能导致的职业病：丙烯酰胺中毒

（四十九）二甲基甲酰胺可能导致的职业病：二甲基甲酰胺中毒

（五十）有机磷农药可能导致的职业病：有机磷农药中毒

（五十一）氨基甲酸酯类农药可能导致的职业病：氨基甲酸酯类农药中毒

（五十二）杀虫脒可能导致的职业病：杀虫脒中毒

（五十三）溴甲烷可能导致的职业病：溴甲烷中毒

（五十四）拟除虫菊酯类可能导致的职业病：拟除虫菊酯类农药中毒

（五十五）导致职业性中毒性肝病的化学类物质：二氯乙烷、四氯化碳、氯乙烯、三氯乙烯、氯丙烯、氯丁二烯、苯的氨基及硝基化合物、三硝基甲苯、五氯酚、硫酸二甲酯，可能导致的职业病：职业性中毒性肝病

（五十六）根据职业性急性中毒诊断标准及处理原则总则可以诊断的其他职业性急性中毒的危害因素

四、物理因素

（一）高温可能导致的职业病：中暑

（二）高气压可能导致的职业病：减压病

（三）低气压可能导致的职业病：高原病、航空病

（四）局部振动可能导致的职业病：手臂振动病

五、生物因素

（一）炭疽杆菌可能导致的职业病：炭疽

（二）森林脑炎可能导致的职业病：森林脑炎

（三）布氏杆菌可能导致的职业病：布氏杆菌病

六、导致职业性皮肤病的危害因素

（一）导致接触性皮炎的危害因素：硫酸、硝酸、盐酸、氢氧化钠、三氯乙烯、重铬酸盐、三氯甲烷、

β-萘胺、酸盐、乙醇、醚、甲醛、环氧树脂、尿醛树脂、酚醛树脂、松节油、苯胺、润滑油、对苯二酚等，可能导致的职业病为接触性皮炎

(二) 导致光敏性皮炎的危害因素：焦油、沥青、醌、蒽醌、蒽油、木酚油、荧光素、六氯苯、氯酚等，可能导致的职业病为光敏性皮炎

(三) 导致电光性皮炎的危害因素：紫外线，可能导致的职业病为电光性皮炎

(四) 导致黑变病的危害因素：焦油、沥青、蒽油、汽油、润滑油、油彩等，可能导致的职业病为黑变病

(五) 导致痤疮的危害因素：沥青、润滑油、柴油、煤油、多氯苯、多氯联苯、氯化萘、多氯萘、多氯酚、聚氯乙烯，可能导致的职业病为痤疮

(六) 导致溃疡的危害因素：铬及其化合物、铬酸盐、铍及其化合物、砷化合物、氯化钠，可能导致的职业病为溃疡

(七) 导致化学性皮肤灼伤的危害因素：硫酸、硝酸、盐酸、氢氧化钠，可能导致的职业病为化学性皮肤灼伤

(八) 导致其他职业性皮肤病的危害因素：

油彩　可能导致的职业病为油彩皮炎

高湿　可能导致的职业病为职业性浸渍、糜烂

有机溶剂　可能导致的职业病为职业性角化过度、皲裂

螨、羌　可能导致的职业病为职业性痒疹

七、导致职业性眼病的危害因素

(一) 导致化学性眼部灼伤的危害因素：硫酸、硝酸、盐酸、氮氧化物、甲醛、酚、硫化氢，可能导致的职业病为化学性眼部灼伤

(二) 导致电光性眼炎的危害因素：紫外线可能导致的职业病为电光性眼炎

(三) 导致职业性白内障的危害因素：放射性物质、三硝基甲苯、高温、激光等、可能导致的职业病为职业性白内障

八、导致职业性耳鼻喉口腔疾病的危害因素

(一) 导致噪声聋的危害因素：噪声可能导致的职业病为噪声聋

(二) 导致铬鼻病的危害因素：铬及其化合物、铬酸盐可能导致的职业病为铬鼻病

(三) 导致牙酸蚀病案的危害因素：氟化氰、硫酸酸雾、硝酸酸雾、盐酸酸雾可能导致的职业病为牙酸蚀病

九、职业性肿瘤的职业病危害因素

(一) 石棉所致肺癌、间皮瘤的危害因素：石棉可能导致的职业病为石棉所致肺癌、间皮瘤

(二) 联苯胺所致膀胱癌的危害因素：联苯胺可能导致的职业病为联苯胺所致膀胱癌

(三) 苯所致白血病的危害因素：苯可能导致的职业病为苯所致白血病

(四) 氯甲醚所致肺癌的危害因素：氯甲醚可能导致的职业病为氯甲醚所致肺癌

(五) 砷所致肺癌、皮肤癌的危害因素：砷可能导致的职业病为砷所致肺癌、皮肤癌

(六) 氯乙烯所致肝血管肉瘤的危害因素：氯乙烯可能导致的职业病为氯乙烯所致肝血管肉瘤

(七) 焦炉工人肺癌的危害因素：焦炉烟气可能导致的职业病为焦炉工人肺癌

(八) 铬酸盐制造业工人肺癌的危害因素：铬酸盐可能导致的职业病为铬酸盐制造业工人肺癌

十、其他职业病危害因素

(一) 氧化锌可能导致的职业病：金属烟热

(二) 二异氰酸甲苯酯可能导致的职业病：职业性哮喘

(三) 嗜热性放线菌可能导致的职业病：职业性变态反应性肺泡炎

(四) 棉尘可能导致的职业病：棉尘病

(五) 不良作业条件(压迫及摩擦)可能导致的职业病：煤矿井下工人滑囊炎

卫生部关于印发《高毒物品目录》的通知

（中华人民共和国卫生部卫法监发[2003]142号）

各省、自治区、直辖市卫生厅局，新疆生产建设兵团卫生局，各集团公司、行业协会：

根据《中华人民共和国职业病防治法》和《使用有毒物品作业场所劳动保护条例》的规定，我部组织制定了《高毒物品目录》。现将该目录印发给你们，请遵照执行。

序号	毒物名称	CAS No.	别　名	*MAC*/（mg/m^3）	*PC-TWA*/（mg/m^3）	*PC-STEL*/（mg/m^3）
1	*N*-甲基苯胺	100-61-8		—	2	5
2	*N*-异丙基苯胺	768-52-5		—	10	25
3	氨	7664-41-7	阿摩尼亚	—	20	30
4	苯	71-43-2		—	6	10
5	苯胺	62-53-3		—	3	7.5
6	丙烯酰胺	79-06-1		—	0.3	0.9
7	丙烯腈	107-13-1		—	1	2
8	对硝基苯胺	100-01-6		—	3	7.5
9	对硝基氯苯/二硝基氯苯	100-00-5/25567-67-3		—	0.6	1.8
10	二苯胺	122-39-4		—	10	25
11	二甲基苯胺	121-69-7		—	5	10
12	二硫化碳	75-15-0		—	5	10
13	二氯代乙炔	7572-29-4		0.4	—	—
14	二硝基苯（全部异构体）	582-29-0/99-65-0/100-25-4		—	1	2.5
15	二硝基（甲）苯	25321-14-6		—	0.2	0.6
16	二氧化（一）氮	10102-44-0		—	5	10
17	甲苯-2,4-二异氰酸酯（TDI）	584-84-9		—	0.1	0.2
18	氟化氢	7664-39-3	氢氟酸	2	—	—
19	氟及其化合物（不含氟化氢）			—	2	5
20	镉及其化合物	7440-43-9		—	0.01	0.02
21	铬及其化合物	305-03-3		0.05	0.15	—
22	汞	7439-97-6	水银	—	0.02	0.04
23	碳酰氯	75-44-5	光气	0.5	—	—
24	黄磷	7723-14-0		—	0.05	0.1
25	甲（基）肼	60-34-4		0.08	—	—
26	甲醛	50-00-0	福尔马林	0.5	—	—
27	焦炉逸散物			—	0.1	0.3
28	肼；联氨	302-01-2		—	0.06	0.13
29	可溶性镍化物	7440-02-0		—	0.5	1.5
30	磷化氢；膦	7803-51-2		0.3	—	—
31	硫化氢	7783-06-4		10	—	—
32	硫酸二甲酯	77-78-1		—	0.5	1.5

续表

序号	毒物名称	CAS No.	别　名	*MAC*/(mg/m^3)	*PC-TWA*/(mg/m^3)	*PC-STEL*/(mg/m^3)
33	氯化汞	7487-94-7	升汞	—	0.025	0.025
34	氯化萘	90-13-1		—	0.5	1.5
35	氯甲基醚	107-30-2		0.005	—	—
36	氯；氯气	7782-50-5		1	—	—
37	氯乙烯；乙烯基氯	75-01-4			10	25
38	锰化合物(锰尘、锰烟)	7439-96-5		—	0.15	0.45
39	镍与难溶性镍化物	7440-02-0		—	1	2.5
40	铍及其化合物	7440-41-7		—	0.0005	0.001
41	偏二甲基肼	57-14-7		—	0.5	1.5
42	铅：尘/烟	7439-92-1/ 7439-92-1		0.05 0.03	— —	— —
43	氰化氢(按 CN 计)	460-19-5		1	—	—
44	氰化物(按 CN 计)	143-33-9		1	—	—
45	三硝基甲苯	118-96-7	TNT	—	0.2	0.5
46	砷化(三)氢；胂	7784-42-1		0.03	—	—
47	砷及其无机化合物	7440-38-2		—	0.01	0.02
48	石棉总尘/纤维	1332-21-4			0.8　0.8f/mL	1.5　1.5f/mL
49	铊及其可溶化合物	7440-28-0		—	0.05	0.1
50	(四)羰基镍	13463-39-3		0.002	—	—
51	锑及其化合物	7440-36-0		—	0.5	1.5
52	五氧化二钒烟尘	7440-62-6		—	0.05	0.15
53	硝基苯	98-95-3		—	2	5
54	一氧化碳(非高原)	630-08-0		—	20	30

备注：CAS 为化学文摘号。

MAC 为工作场所空气中有毒物质最高容许浓度。

PC-TWA 为工作场所空气中有毒物质时间加权平均容许浓度。

PC-STEL 为工作场所空气中有毒物质短时间接触容许浓度。

职业健康相关法律法规清单

一、职业卫生相关法律

1. 中华人民共和国职业病防治法
2. 中华人民共和国传染病防治法
3. 中华人民共和国尘肺病防治条例
4. 中华人民共和国安全生产法
5. 中华人民共和国突发公共事件应对法

二、职业卫生相关法规

1. 国家职业卫生标准管理办法　卫生部令第20号2002
2. 职业病危害项目申报管理办法　卫生部令第21号2002
3. 建设项目职业病危害分类管理办法　卫生部令第22号2002
4. 职业健康监护管理办法　卫生部令第23号2002
5. 职业病诊断与鉴定管理方法　卫生部令第24号2002
6. 职业病危害事故调查处理办法　卫生部令第25号2002
7. 使用有毒物质作业场所劳动保护条例　国务院令(第352号)
8. 建设项目职业病危害评价规范
9. 职业病危害因素分类目录
10. 突发公共卫生事件应急条例　国务院令(第376号)
11. 职业卫生技术服务机构管理办法　卫生部令(第31号)
12. 放射性同位素与射线装置放射防护条例　国务院令(第44号)
13. 放射事故管理规定　卫生部令(第16号)
14. 放射工作卫生防护管理办法　卫生部令(第17号)
15. 放射防护器材与含放射性产品卫生管理办法　卫生部令(第18号)
16.《国家职业病防治规划(2009—2015年)》(国办发[2009]43号)
17. 国家安全监管总局《关于认真贯彻落实国家职业病防治规划(2009—2015)切实加强职业健康监管工作的通知》
18. 作业场所职业健康监督管理暂行规定(国家安全生产监督管理总局令第23号)
19. 河北省作业场所职业卫生监督管理办法
20. 国家安全监管总局关于加强职业安全健康监管工作的通知　安监总安健[2009]29号
21. 作业场所职业危害申报管理办法(国家安全生产监督管理总局令第27号)
22. 国家安全监管总局关于贯彻落实《作业场所职业危害申报管理办法》加强职业危害申报工作的通知　安监总安健[2009]210号
23. 国家安全监管总局办公厅关于印发《作业场所职业健康监督检查装备配备指导目录》的通知　安监总厅安健[2009]273号
24. 国家安全监管总局办公厅关于加强石英砂生产企业职业健康工作的通知　安监总厅安健[2009]163号

三、职业安全健康标准

1. GB 50187—93　工业企业总平面设计规范
2. GB 5083—85　生产过程安全卫生要求总则
3. GB 16910—1997　小型工业企业建厂劳动卫生基本技术条件
4. GB 12331—90　有毒作业分级
5. GB 5817—86　生产性粉尘作业危害程度分级
6. GBT/T 4200—1997　高温作业分级
7. GB/T 14440—93　低温作业分级

8. GB/T 14439—93　冷水作业分级
9. LD 80—1995　噪声作业分级
10. GBJ 87—85　工业企业噪声控制设计规范
11. GB 11654—89—GB 11666—89　工业企业卫生防护距离标准
12. GBJ 19—87　采暖通风与空气调节设计规范
13. GB 4792—84　放射卫生防护基本标准
14. GB 8702—88　电磁辐射防护规定
15. GB 10434—89　作业场所局部振动卫生标准
16. GB 10436—89　作业场所微波辐射卫生标准
17. GB 10437—89　作业场所超高频辐射卫生标准
18. SH 3047—93　石油化工企业职业安全卫生设计规范
19. HG 20571—95　化工企业安全卫生设计规定
20. GB 13746—2008　铅作业安全卫生规程
21. GA 57—93　剧毒物品分级、分类与品名编号
22. GB 18068—2000　水泥厂卫生防护距离标准
23. GB 18078—2000　肉类联合加工厂卫生防护距离标准
24. GB/T 17222—1998　煤制气厂卫生防护距离标准
25. GB 18071—2000　氯碱厂卫生防护距离标准
26. GB 8195—1987　炼油厂卫生防护距离标准
27. GB 11666—1989　小型氮肥厂卫生防护距离标准
28. GB 11657—89　铜冶炼厂(密闭鼓风炉型)卫生防护距离标准
29. GB 18074—2000　内燃机厂卫生防护距离标准
30. GB 11663—1989　硫酸厂卫生防护距离标准
31. GB 11660—1989　炼铁厂卫生防护距离标准
32. GB 18081—2000　火葬场卫生防护距离标准
33. GB 11664—1989　钙镁磷肥厂卫生防护距离标准
34. GB 6528—1986　玻璃生产配料车间防尘技术规程
35. GB 11665—1989　普通过磷酸钙厂卫生防护距离标准
36. GB 11656—1989　黄磷厂卫生防护距离标准
37. GB 18076—2000　石灰厂卫生防护距离标准
38. GB 18077—2000　石棉制品厂卫生防护距离标准
39. GB 18079—2000　制胶厂卫生防护距离标准
40. GB 18082—2000　制革厂卫生防护距离标准
41. GB 18080—2000　缫丝厂卫生防护距离标准
42. GB 11662—1989　烧结厂卫生防护距离标准
43. GB 18075—2000　汽车制造厂卫生防护距离标准
44. GB 11654—1989　硫酸盐造纸厂卫生防护距离标准
45. GB 11655—1989　氯丁橡胶厂卫生防护距离标准
46. GB 18072—2000　塑料厂卫生防护距离标准
47. GB 11655—1989　氯丁橡胶厂卫生防护距离标准
48. GB 11665—1989　普通过磷酸钙厂卫生防护距离标准
49. GB 11666—1989　小型氮肥厂卫生防护距离标准
50. GB 11667—1989　居住区大气中可吸入颗粒物卫生标准
51. GB 11727—1989　住宅居室容积卫生标准
52. GB 11728—1989　土壤中铜的卫生标准
53. GB 11729—1989　水源水中百菌清卫生标准

54. GB 11730—1989　农村生活饮用水量卫生标准
55. GBZ 1—2010　工业企业设计卫生标准
56. GBZ 2. 1—2007　工作场所有害因素职业接触限值第 1 部分：化学有害因素
57. GBZ 2. 2—2007　工作场所有害因素职业接触限值第 2 部分：物理因素
58. GBZ 114—2006　使用密封放射源卫生防护标准
59. GBZ 115—2002　X 射线衍射仪和荧光分析仪卫生防护标准
60. GBZ 116—2002　地下建筑氡及其子体控制标准
61. GBZ 117—2006　工业 X 射线探伤卫生防护标准
62. GBZ 118—2002　油(气)田非密封型放射源测井卫生防护标准
63. GBZ 119—2006　放射性发光涂料卫生防护标准
64. GBZ 120—2002　临床核医学卫生防护标准
65. GBZ 121—2002　后装 γ 源近距离治疗卫生防护标准
66. GBZ 122—2006　离子感烟火灾探测器卫生防护标准
67. GBZ 123—2002　汽灯纱罩生产放射卫生防护标准
68. GBZ 124—2002　地热水应用中放射卫生防护标准
69. GBZ 125—2002　含密封源仪表的卫生防护标准
70. GBZ 126—2002　医用电子加速器卫生防护标准
71. GBZ 127—2002　X 射线行李包检查系统卫生防护标准
72. GBZ 128—2002　职业性外照射个人监测规范
73. GBZ 129—2002　职业性内照射个人监测规范
74. GBZ 130—2002　医用 X 射线诊断卫生防护标准
75. GBZ 131—2002　医用 X 射线治疗卫生防护标准
76. GBZ 132—2002　工业 γ 射线探伤卫生防护标准
77. GBZ 133—2002　医用放射性废物管理卫生防护标准
78. GBZ 134—2002　放射性核素敷贴治疗卫生防护标准
79. GBZ 135—2002　密封 γ 放射源容器卫生防护标准
80. GBZ 136—2002　生产和使用放射免疫分析试剂(盒)卫生防护标准
81. GBZ 137—2002　含密封源仪表的卫生防护监测规范
82. GBZ 138—2002　医用 X 射线诊断卫生防护监测规范
83. GBZ 139—2002　稀土生产场所中放射卫生防护标准
84. GBZ 140—2002　空勤人员宇宙辐射控制标准
85. GBZ 141—2002　γ 射线和电子束辐照装置防护检测规范
86. GBZ 142—2002　油(气)田测井用密封型放射源卫生防护标准
87. GBZ 143—2002　集装箱检查系统放射卫生防护标准
88. GBZ 158—2003　工作场所职业病危害警示标识
89. GBZ 185—2006　职业性三氯乙烯药疹样皮炎诊断标准
90. GBZ 188—2007　职业健康监护技术规范
91. GBZ/T 144—2002　用于光子外照射放射防护的剂量转换系数
92. GBZ/T 145—2002　个人胶片剂量计
93. GBZ/T 146—2002　医疗照射放射防护名词术语
94. GBZ/T 147—2002　X 射线防护材料衰减性能的测定
95. GBZ/T 148—2002　用于中子测井的 CR39 中子剂量计的个人剂量监测方法
96. GBZ/T 149—2002　医学放射工作人员的卫生防护培训规范
97. GBZ/T 150—2002　工业 X 射线探伤卫生防护监测规范
98. GBZ/T 151—2002　放射事故个人外照射剂量估算原则
99. GBZ/T 152—2002　γ 远距治疗室设计防护要求

100. GBZ/T 153—2002 放射性碘污染事故时碘化钾的使用导则
101. GBZ/T 154—2006 不同粒度放射性气溶胶年摄入量限值
102. GBZ/T 155—2002 空气中氡浓度的闪烁瓶测定方法
103. GBZ/T 156—2002 职业性放射性疾病报告格式及内容
104. GBZ/T 157—2002 职业病诊断名词术语
105. GBZ 159—2004 工作场所空气中有害物质监测的采样规范
106. GBZ/T 160. 38—2007 工作场所空气有毒物质测定烷烃类化合物
107. GBZ/T 160. 83—2007 工作场所空气有毒物质测定：铟及其化合物
108. GBZ/T 161—2004 医用 γ 射束远距治疗防护与安全标准
109. GBZ 162—2004 放射性口腔炎诊断标准
110. GBZ/T 163—2004 外照射急性放射病的远期效应医学随访规范
111. GBZ/T 164—2004 核电厂操纵员的健康标准和医学监督规定
112. GBZ 165—2005 X 射线计算机断层摄影放射卫生防护标准
113. GBZ 166—2005 职业性皮肤放射性污染个人监测规范
114. GBZ 167—2005 放射性污染的物料解控和场址开放的基本要求
115. GBZ 168—2005 X、γ 射线头部立体定向外科治疗放射卫生防护标准
116. GBZ 169—2006 职业性放射性疾病诊断程序和要求
117. GBZ/T 170—2006 核事故场外医学应急计划与准备
118. GBZ/T 171—2006 核事故场外医学应急计划与准备
119. GBZ/T 172—2006 牙釉质电子顺磁共振计量重建方法
120. GBZ/T 173—2006 职业卫生生物监测质量保证规范
121. GBZ 174—2006 含发光涂料仪表放射卫生防护标准
122. GBZ 176—2006 医用诊断 X 射线个人防护材料及用品标准
123. GBZ/T 181—2006 建设项目职业病危害放射防护评价报告编制规范
124. GBZ/T 183—2006 电离辐射与防护常用量和单位
125. GBZ/T 182—2006 室内氡及其衰变产物测量规范
126. GBZ/T 184—2006 医用诊断 X 射线防护玻璃板标准
127. GBZ/T 189. 1—2007 工作场所物理因素测量第 1 部分：超高频辐射国家标准
128. GBZ/T 189. 2—2007 工作场所物理因素测量第 2 部分：高频电磁场
129. GBZ/T 189. 3—2007 工作场所物理因素测量第 3 部分：工频电场
130. GBZ/T 189. 4—2007 工作场所物理因素测量第 4 部分：激光辐射
131. GBZ/T 189. 5—2007 工作场所物理因素测量第 5 部分微波辐射
132. GBZ/T 189. 6—2007 工作场所物理因素测量第 6 部分：紫外线辐射国家标准
133. GBZ/T 189. 7—2007 工作场所物理因素测量第 7 部分高温
134. GBZ/T 189. 8—2007 工作场所物理因素测量噪声
135. GBZ/T 192. 1—2007 工作场所空气中粉尘测定：总粉尘浓度
136. GBZ/T 192. 2—2007 工作场所空气中粉尘测定：呼吸性粉尘浓度
137. GBZ/T 192. 3—2007 工作场所空气中粉尘测定：粉尘分散度
138. GBZ/T 193—2007 石棉作业职业卫生管理规范
139. GBZ/T 194—2007 工作场所防止职业中毒卫生工程防护措施规范
140. GBZ/T 195—2007 有机溶剂作业场所个人职业病防护用品使用规范
141. GBZ/T 196 建设项目职业病危害预评价技术导则
142. GBZ/T 197—2007 建设项目职业病危害控制效果评价技术导则
143. GBZ/T 198—2007 使用人造矿物纤维绝热棉职业病危害防护规程
144. GBZ/T 199—2007 服装干洗业职业卫生管理规范
145. GBZ/T 200. 2—2007 辐射防护用参考人第二部分：主要组织器官质量

146. GBZ/T 202—2007　用于中子外照射放射防护的剂量转换系数
147. GBZ/T 203—2007　高毒物品作业岗位职业病危害告知规范
148. GBZ/T 204　高毒物品作业岗位职业病信息指南
149. GBZ/T 205　密闭空间作业职业危害防护规范
150. GBZ 207　外照射个人剂量系统性能检验规范等。
151. GBZ/T 225—2010　用人单位职业病防治指南
152. 危险化学品名录(2002)
153. 剧毒化学品目录(2002 年)
154. 高毒物品目录(2003)

注：以上标准以最新版本为准。

参 考 文 献

1　刘健等. 化工企业职业卫生管理问题与思考. 上海《职业卫生与应急救援》杂志，2007 年第 8 期
2　王毅等. 危险化学品安全培训教程. 北京：学苑出版社，2003
3　平海军等. 职业安全健康管理. 北京：学苑出版社，2003
4　王德学等. 作业场所职业危害预防与管理. 北京：中国劳动社会保障部出版社，2005
5　李涛等. 用人单位职业病防治使用指南. 北京：中国科学技术出版社，2006
6　王毅等. 职业安全健康监督管理手册. 北京：中国石化出版社，2010
7　平海军等. 氮肥企业员工安全培训读本. 北京：中国石化出版社，2009
8　刘健等. 危险化学品企业安全标准化操作手册. 北京：中国石化出版社，2008